"十四五"职业教育国家规划教材

机械制图与计算机绘图

主　编　鲁建敏

参　编　骆素静　李　洋　王心雨　杨一光

主　审　赵丽宏

北京理工大学出版社
BEIJING INSTITUTE OF TECHNOLOGY PRESS

内 容 提 要

本书介绍了机械制图及AutoCAD软件的基础知识。结合编者在职业教育领域的实际教学情况，本书将机械制图与计算机绘图有机地整合在一起。全书共分五个单元，分别是手工绘制平面图形、计算机绘图技能训练、运用三视图表达几何图形、零件的表达、装配图。全书以工作任务为中心，采用"任务驱动""示范演示"教学法和"小组协作探究"学习法，教师引领学生分析任务、完成任务，做到教师在"做中教"，学生在"做中学"。对于运用AutoCAD软件完成工作任务的部分，本书配有音视频示范讲解文件。

本书适合作为中等职业院校的教材，也可供相关工程技术人员参考。

版权专有　侵权必究

图书在版编目（CIP）数据

机械制图与计算机绘图 / 鲁建敏主编. -- 北京：
北京理工大学出版社, 2023.8重印
ISBN 978-7-5682-9023-4

Ⅰ.①机… Ⅱ.①鲁… Ⅲ.①机械制图－中等专业学校－教材②计算机制图－中等专业学校－教材 Ⅳ.
①TH126②TP391.72

中国版本图书馆CIP数据核字(2020)第170827号

出版发行 /	北京理工大学出版社有限责任公司
社　　址 /	北京市海淀区中关村南大街5号
邮　　编 /	100081
电　　话 /	（010）68914775（总编室）
	（010）82562903（教材售后服务热线）
	（010）68944723（其他图书服务热线）
网　　址 /	http://www.bitpress.com.cn
经　　销 /	全国各地新华书店
印　　刷 /	定州市新华印刷有限公司
开　　本 /	889毫米×1194毫米　1/16
印　　张 /	14
字　　数 /	264千字
版　　次 /	2023年8月第1版第2次印刷
定　　价 /	39.00元

责任编辑／陆世立
文案编辑／陆世立
责任校对／周瑞红
责任印制／边心超

图书出现印装质量问题，请拨打售后服务热线，本社负责调换

前　言

本课程是机械专业至关重要的专业基础课。在现代工业生产中，无论是机器设备的设计、制造、维修，还是机电、冶金、化工、航空航天、汽车、船舶、桥梁、土木建筑、电气等工程的设计与施工，都必须依赖图样才能进行施工。由此可见，图样与文字、语言一样，是人类表达和交流技术思想的重要工具，是指导生产的重要技术文件，被喻为工程技术界的"语言"。

本教材在编写过程中坚持"以职业岗位对人才的需求为出发点，以就业为导向，以能力为本位，以职业能力和技能培养为核心。"为此，我们深入了解了企业对员工的知识、技能和素养的要求，以工作任务为中心，以完成工作任务为主要学习方式，本着够用、实用的原则，采用理论与实践相结合的模式编写此书。

党的二十大报告提出："办好人民满意的教育。教育是国之大计、党之大计。培养什么人、怎样培养人、为谁培养人是教育的根本问题。育人的根本在于立德。全面贯彻党的教育方针，落实立德树人根本任务，培养德智体美劳全面发展的社会主义建设者和接班人。"本教材贯彻落实党的二十大精神，将教材作为立德树人的核心载体，落实立德树人根本任务。

教材注重充分挖掘思政元素，如展示我国历史上在图学领域的先进人物和案例，介绍我国制图技术的光辉成就和贡献，培养学生的文化自信，增强民族自豪感；介绍《机械制图》国家标准的相关知识，培养学生执行国家标准的意识、遵守职业规范的习惯和树立踏实认真的职业精神；介绍科学家的事迹的事迹，坚定学生"技能报国"的信心，激发学生的爱国热情及学习积极性；介绍大国工匠案例，培养学生的工匠精神；介绍"1+X"证书考试、工业机器人应用、智能制造相关内容，激发学生的学习动力、创新精神及对新技术、新工艺、智能制造相关内容的兴趣；介绍高科技企业的相关内容，案例中体现了科技自立自强、创新型国家的重大成果，来增强学生的爱国热情和民族自豪感等，使学生更加热爱本行业，形成职业自豪感，增强学生做一名有知识、有能力的现代技术专业人才的自信心。

本教材在内容组织与结构编排上，坚持守正创新，坚持问题导向，主要做了以下尝试：

（1）本教材将机械制图知识与计算机绘图软件（AutoCAD 2018）操作进行了有机整合。结合中等职业教育的实际教学情况，遵循学生知识与技能的形成规律和学以致用的原则，突出对学生识图和绘图能力的训练，将机械制图知识与计算机绘图软件（AutoCAD 2018）进行了融合。

（2）本教材的教学内容采用任务式编排，使理论的讲解与技能的培养结合得更加合理，突出职业教育特色，树立"做中学、学中做"的教学新理念，创新教学方法和教学评价，以培养学生的综合职业能力、落实学习目标、实现有效教学为目标，使学生真正学到职业岗位所需要的技能和本领。

（3）本课程需在教学过程中，根据学生能力的差异，将学生分成几个学习小组，每组4～6人。在完成工作任务的过程中，要考虑组内学生的个体差异（如有的学生善于表达，有的学生愿意动手，有的学生心思细密，有的学生善于纠错等），对学生实行分层管理；

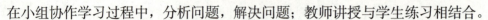

在小组协作学习过程中，分析问题，解决问题；教师讲授与学生练习相结合。

（4）本课程要在教学过程中培养学生严肃、认真、一丝不苟的工作态度和脚踏实地的工作作风。

（5）根据学生的知识基础与接受能力，从易到难，逐步加深教学难度。

（6）教学内容安排以实用、够用为原则。

（7）教材中的【相关知识】中的内容为学生课前预习的内容，以充分发挥学生自主学习的能力。在实施教学过程中，由教师引导学生完成工作任务，以达到让学生在"做中学、学中做"的目的。

（8）教师组织教学的环节：教师布置工作任务；师生分析完成工作任务所需的相关知识；教师讲解相关知识、演示；学生完成任务，教师巡视指导；学生作品评价。

（9）教材中的 AutoCAD 绘图任务，编者提供了教师演示的视频操作讲解，供学生课前、课中和课后学习使用。

（10）教材中带"※"部分为选学内容。

本课程共计 144 学时，具体分配如下。

单元内容	模块内容	学时分配（参考）
第一单元 手工绘制平面图形	模块一　绘制简单平面图形	4
	模块二　绘制一般平面图形	8
	模块三　标注平面图形尺寸	4
第二单元 计算机绘图技能训练	模块一　熟悉 AutoCAD 基本操作	4
	模块二　运用 AutoCAD 绘制简单平面图形	8
	模块三　图层应用和尺寸标注	4
	模块四　运用 AutoCAD 绘制一般平面图形	8
第三单元 运用三视图表达几何图形	模块一　绘制棱柱、棱锥三视图	4
	模块二　绘制圆柱、圆锥、球三视图	4
	模块三　绘制组合体三视图	18
	模块四　绘制轴测图	8
	模块五　运用 AutoCAD 绘制三视图	20
第四单元 零件的表达	模块一　在机械图样中标注技术要求	6
	模块二　识读并绘制轴类零件图形	12
	模块三　识读并绘制盘类零件图形	4
	模块四　识读叉架类零件图形	4
	模块五　识读箱体类零件图形	4
	模块六　运用 AutoCAD 绘制零件图	16
第五单元 装配图	识读装配图	4

本书由秦皇岛市中等专业学校鲁建敏主编，参与编写的有秦皇岛市教育局骆素静，秦皇岛市中等专业学校李洋、王心雨，中冶沈勘秦皇岛工程设计研究总院有限公司杨一光，全书由秦皇岛市中等专业学校赵丽宏主审。

由于编者水平有限，书中难免存在错漏之处，敬请读者批评指正。

编　者

目 录

第一单元 手工绘制平面图形 ······· 1
模块一 绘制简单平面图形 ······· 2
模块二 绘制一般平面图形 ······· 9
模块三 标注平面图形尺寸 ······· 18

第二单元 计算机绘图技能训练 ······· 25
模块一 熟悉 AutoCAD 基本操作 ······· 26
模块二 运用 AutoCAD 绘制简单平面图形 ······· 39
模块三 图层应用和尺寸标注 ······· 53
模块四 运用 AutoCAD 绘制一般平面图形 ······· 60

第三单元 运用三视图表达几何图形 ······· 65
模块一 绘制棱柱、棱锥三视图 ······· 66
模块二 绘制圆柱、圆锥、球三视图 ······· 78
模块三 绘制组合体三视图 ······· 86
模块四 绘制轴测图 ······· 101
模块五 运用 AutoCAD 绘制三视图 ······· 108

第四单元 零件的表达 ······· 121
模块一 在机械图样中标注技术要求 ······· 122
模块二 识读并绘制轴类零件图形 ······· 133
模块三 识读并绘制盘类零件图形 ······· 157
模块四 识读叉架类零件图形 ······· 165

目录

  模块五 识读箱体类零件图形 ······ 168
  模块六 运用 AutoCAD 绘制零件图 ······ 171

第五单元 装配图 ······ 191
  识读装配图 ······ 192

附录 ······ 203
  附表 1 普通螺纹直径与螺距（GB/T 196—197—2003） ······ 204
  附表 2 梯形螺纹基本尺寸（GB/T 5796.3—2005） ······ 205
  附表 3 螺纹密封管螺纹（GB/T 7306—2001） ······ 206
  附表 4 非密封管螺纹（GB/T 7307—2001） ······ 207
  附表 5 普通螺纹的螺纹收尾、间距、退刀槽、倒角 ······ 208
  附表 6 六角头螺栓——A 级和 B 级（GB/T 5782—2000） ······ 209
  附表 7 双头螺柱 ······ 210
  附表 8 开槽螺钉 ······ 211
  附表 9 内六角圆柱头螺钉（GB/T 70.1—2008） ······ 212
  附表 10 开槽锥端紧定螺钉 ······ 213
  附表 11 I 型六角螺母——C 级（GB/T 41—2000）、I 型六角螺母
      （GB/T 6170—2000）、六角薄螺母（GB/T 6172.1—2000） ······ 214
  附表 12 I 型六角开槽螺母——A 级和 B 级（GB/T 6178—1986） ······ 215
  附表 13 平垫圈——A 级（GB/T 97.1—2002）、平垫圈倒角型——
      A 级（GB/T 97.2—2002） ······ 216
  附表 14 标准型弹簧圈（GB/T 93—1987）、轻型弹簧圈（GB/T 859—1987） ······ 217

参考文献 ······ 218

第一单元　手工绘制平面图形

模块一　绘制简单平面图形
模块二　绘制一般平面图形
模块三　标注平面图形尺寸

模块一　绘制简单平面图形

学习目标

知识与技能目标：

1．学会使用常用的绘图工具。
2．掌握各种图线的线型、主要用途及画法。
3．学会常用的直线段等分方法。
4．学会常用的圆周等分方法。

素养目标：

引导学生选择正确的人生发展道路，帮助其在新时代中国特色社会主义建设事业中找准职业定位；培养学生贯彻、执行国家标准的意识，使学生逐步养成在工作中遵守职业规范的习惯。

工作任务

任务一：分割直线段为四等分。
任务二：作圆的内接正六边形。

任务分析

完成工作任务所需要的知识点（教师讲解，详见相关知识部分）。

一、绘图工具的使用

（1）丁字尺和三角板。
（2）圆规和分规。
（3）铅笔。
（4）其他绘图工具。

二、国标中对常用图线种类及用法的规定

（1）粗实线。

(2)细实线。

(3)细点画线。

任务实施(教师演示、讲解)

一、分割直线段为四等分(任务一)

绘图步骤:

(1)从已知线段的一端点 A 作任一射线 AC,由端点 A 起在射线上截取四等分,如图 1-1(a)所示。

(2)将射线上的等分终点与已知直线段另一端点 B 连接,并过射线上各等分点作此连线的平行线,与已知直线段相交,交点即为所求,如图 1-1(b)所示。

图 1-1 等分线段

(a)在射线上截取四等分;(b)作平行线

二、作圆的内接正六边形(任务二)

绘图步骤:

方法一:用圆规作图。

分别以已知圆在水平直径上的两处交点 A、D 为圆心,以 r = d/2 作圆弧,与圆交于 B、C、E、F 点,依次连接 A、B、C、D、E、F 点即得圆内接正六边形,如图 1-2(a)所示。

方法二:用三角板作图。

以 60°三角板配合丁字尺作平行线,画出四条斜边,再用丁字尺作上、下水平边,即得圆内接正六边形,如图 1-2(b)所示。

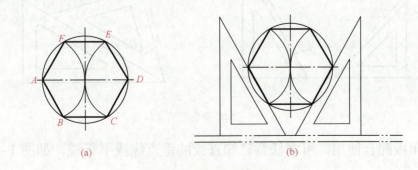

图 1-2 圆内接正六边形

(a)用圆规作图;(b)用三角板作图

> 想一想：如何作圆的内接正三角形？可以借助三角板吗？圆的内接正四边形呢？

相关知识

一、绘图工具的使用

1. 图板和丁字尺

将图纸用胶带固定在图板上，丁字尺头部紧靠图板左边，画线时铅笔垂直于纸面并向右倾斜约30°，如图1-3所示。

将丁字尺上下移动到画线位置，自左向右画水平线，如图1-4所示。

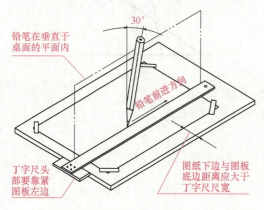

图1-3　图板和丁字尺

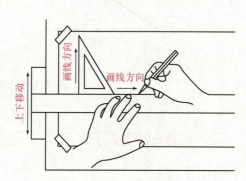

图1-4　丁字尺和三角板

2. 三角板

三角板与丁字尺配合使用可画垂直线，如图1-4所示，还可画出与水平线成30°、45°、60°以及15°的任意整倍数倾斜线，如图1-5所示。

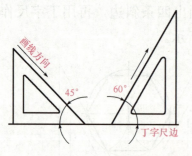
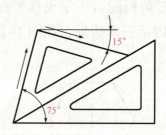

图1-5　用三角板画常用角度斜线

两块三角板配合使用，可画任意已知直线的垂直线或平行线，如图1-6所示。

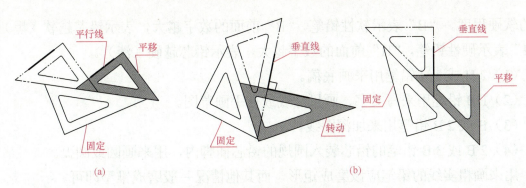

图 1-6 两块三角板配合使用
（a）作平行线；（b）作垂直线

3. 圆规和分规

圆规主要用于画圆和圆弧。使用时，应先调整针脚，使针尖略长于铅芯，且插针和铅芯脚都与纸面大致保持垂直。画大圆弧时，可加上延伸杆，圆规的使用如图 1-7 所示。

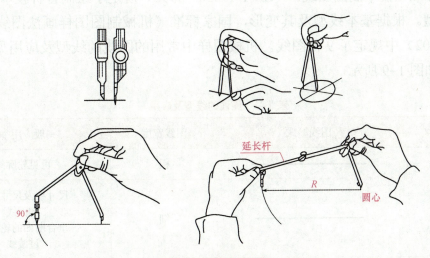

图 1-7 圆规的使用

分规是用来截取线段和等分直线或圆周，以及量取尺寸的工具，如图 1-8 所示。

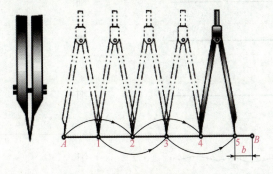

图 1-8 分规的使用

4. 铅笔

铅笔是用来画图样底稿线、加深底稿线和写字的工具，用"B"和"H"代表铅芯的软硬程度。"B"表示软性铅笔,"B"前面的数字越大,表示铅芯越软(黑)。"H"表示硬性铅笔,"H"前面的数字越大,表示铅芯越硬(淡)。

(1)2H或3H铅笔用来画底稿。

(2)HB铅笔用来写文字、画尺寸线或徒手画草图。

(3)B或2B铅笔用来加深图线。

(4)2B或3B铅笔的铅芯装入圆规的铅芯插脚内,用来画圆或圆弧。

用来画粗实线的铅笔应该磨成矩形,而其他情况一般磨成锥型即可。

5. 其他绘图工具

绘图时,除了上述工具外,还需要准备曲线板、绘图橡皮、固定图纸用的透明胶带和修改图线时的擦图片等工具。

二、国家标准中对常用图线种类及用法的规定

国家标准《技术制图图线》(GB/T 17450—1998)规定了绘制各种技术图样的15种基本线型。根据基本线型及其变形,国家标准《机械制图图样画法图线》(GB/T 4451.4—2002)中规定了9种图线。机械图样中常用的图线的线型及应用见表1-1,应用示例如图1-9所示。

表1-1 图线的线型及应用

图线名称	图线型式	图线宽度	一般应用举例
粗实线	————	粗	可见轮廓线
细实线	————	细	尺寸线及尺寸界线 剖面线 重合断面的轮廓线 过渡线
细虚线	－－－－－	细	不可见轮廓线
细点画线	—·—·—	细	轴线 对称中心线
粗点画线	—·—·—	粗	限定范围表示线
细双点画线	—··—··—	细	相邻辅助零件的轮廓线 轨迹线 极限位置的轮廓线 中断线
波浪线	～～～	细	断裂处的边界线 视图与剖视图的分界线
双折线	—/\—	细	同波浪线
粗虚线	－ － － －	粗	允许表面处理的表示线

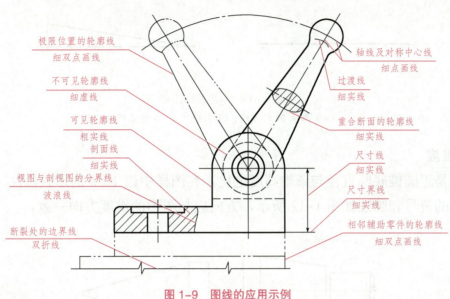

图1-9 图线的应用示例

图线画法：

（1）同一图样中的同类型图线的宽度应一致，虚线、点画线及双点画线中各自线段的长短、间隔大小应大致相同。

（2）细虚线、细点画线、细双点画线与其他线相交时不应穿"空"而过。

（3）画圆的中心线时，圆心应是长线段的交点，细点画线两端应超出轮廓 2～5 mm。

（4）细虚线直接在实线延长线上相接时，细虚线应留出空隙。

（5）细虚线圆弧与实线相切时，细虚线圆弧应留出间隙。

（6）考虑缩微制图的需要，两条平行线之间的最小间隙一般不小于 0.7 mm。

三、斜度和锥度的画法

1. 斜度

斜度是指一条直线对另一条直线或一平面对另一平面的倾斜程度，在图样中以 $1:n$ 的形式标注。

斜度的符号和画法如图1-10所示，斜线方向应与图中斜线的方向一致。

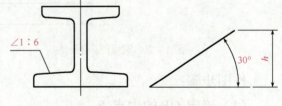

图1-10 斜度的符号和画法

例1：斜度 $1:6$ 的画法。

作图步骤：

（1）由点 A 起在水平线段上取六个单位长度，得点 D，如图1-11（a）所示。

（2）过点 D 作 AD 的垂线 DE，取 DE 为一个单位长度；连接 AE，即得斜度为 $1:6$ 的直线，如图1-11（b）所示。

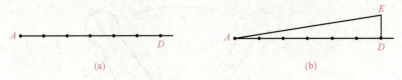

图 1-11 斜度的画法

(a) 画点 D 的方法；(b) 斜度 1∶6 的直线

2. 锥度

锥度是正圆锥底圆直径与圆锥高度之比，在图样中以 1∶n 的形式标注。

锥度的符号和画法如图 1-12 所示，方向应与图形的锥度方向一致。

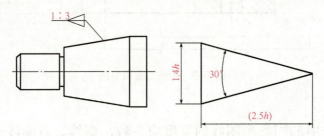

图 1-12 锥度的符号和画法

锥度的画图过程如图 1-13 所示。

拓展延伸：五等分圆周并画出圆的正五边形，如图 1-14 所示。

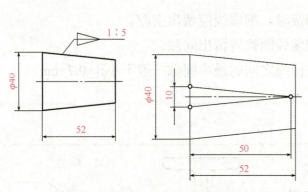

图 1-13 锥度的画图过程

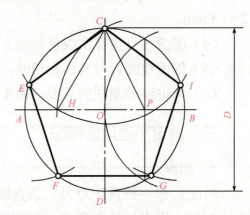

图 1-14 圆的内接正五边形

作图步骤：

（1）确定 OB 的中点 P。

（2）以 PC 为半径，确定点 H（CH 为五边形的边长）。

（3）以点 C 为圆心，CH 为半径，与圆交于点 E 和点 I。

（4）分别以点 E、点 I 为圆心，CH 为半径，与圆交于点 F 和点 G。

（5）依次连点 C、E、F、G、I，得圆的内接正五边形。

学习效果评价

1. 以学生完成任务的情况作为评分标准，并以此考查学生的理论知识和动手能力。
2. 要求学生独立或分组完成工作任务，由教师对每位及每组同学的完成情况进行评价，并给出每位同学的成绩，具体评价内容、评分标准、分值及得分见表1-2。

表1-2　评价内容、评分标准、分值及得分

评价内容	评分标准	分值	得分
绘图工具使用情况	能正确使用绘图工具	10	
任务一	绘图步骤正确	20	
	绘图方法正确	20	
	能运用相关知识理解绘图方法	20	
任务二	绘图步骤正确	20	
	绘图方法正确	20	
	能运用相关知识理解绘图方法	20	
图面质量	布局合理	20	
	图线符合国家标准要求		
	图面整洁		
职业素养	执行国家标准、遵守职业规范、工作态度认真	10	

模块二　绘制一般平面图形

学习目标

知识与技能目标：
1. 掌握圆弧的作图方法。
2. 掌握一般平面图形的分析方法及作图步骤。

素养目标：

引导学生选择正确的人生发展道路，帮助其在新时代中国特色社会主义建设事业中找准职业定位；培养学生严肃认真的工作态度和脚踏实地的工作作风。

工作任务

任务一：绘制手柄的平面图形，如图1-15所示。

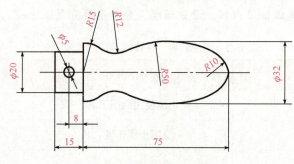

图1-15 手柄

任务二：绘制扳手的平面图形，如图1-16所示。

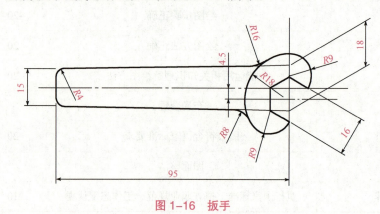

图1-16 扳手

任务分析

完成工作任务所需要的知识点（教师讲解，详见相关知识部分）。

一、主要绘图工具的使用

图板和丁字尺：将图纸用胶带固定在图板上，丁字尺头部紧靠图板左边，画线时铅笔垂直于纸面并向右倾斜约30°。

二、图纸幅面

绘制图样时，常用的基本幅面代号有A0、A1、A2、A3和A4五种。

三、图框格式

图框是图纸上限定绘图区域的线框。图框在图纸上必须用粗实线画出，其格式分为两种：留装订边和不留装订边。同一产品中所有图样均应采用同一种格式。

四、标题栏

标题栏的位置一般在图框的右下角，看图的方向应与标题栏的方向一致。

五、比例

比例是指图样中机件要素的线性尺寸与实际机件相应要素的线性尺寸之比。

六、圆弧连接

（1）两直线之间的圆弧连接。

（2）直线与圆弧间的连接。

（3）两圆弧之间的连接。

七、平面图形的分析（在完成任务中详细讲解）

（1）尺寸分析。

（2）线段分析。

八、总结绘图步骤（完成工作任务后总结）

完成工作任务后总结绘图步骤。

任务实施

一、绘制手柄的平面图形（任务一）

1. 图形分析

（1）尺寸分析。

平面图形中所注尺寸按其作用可分为两类：

① 定形尺寸：定形尺寸是指确定平面图形上几何元素形状大小的尺寸，如图 1-15 中的 $\phi 20$、$\phi 5$、15、$R15$、$R50$、$R10$ 等尺寸。一般情况下确定几何图形所需的定形尺寸的个数是一定的，如直线的定形尺寸是长度，圆的定形尺寸是直径，圆弧的定形尺寸是半径，正多边形的定形尺寸是边长，矩形的定形尺寸是长和宽两个尺寸等。

② 定位尺寸：定位尺寸是指确定各几何元素相对位置的尺寸，如图 1-15 中的 8、$\phi 32$、75 等尺寸。确定平面图形的位置需要两个方向的定位尺寸，即水平方向和垂直方向。

（2）线段分析。

根据定形、定位尺寸是否齐全，可以将平面图形中的图线分为以下三大类：

① 已知线段：定形、定位尺寸齐全的线段。

作图时该类线段可以直接根据尺寸作图，如图 1-15 中的 $\phi20$、$\phi5$、$R15$、$R10$。

② 中间线段：只有定形尺寸和一个定位尺寸的线段。

作图时必须根据该线段与相邻已知线段的几何关系，通过几何作图的方法求出，如图 1-15 中的 $R50$。

③ 连接线段：只有定形尺寸没有定位尺寸的线段。其定位尺寸需根据该线段与相邻的两线段的几何关系，通过几何作图的方法求出，如图 1-15 中的 $R12$。

2．画图步骤

（1）根据图形的大小选择比例及图纸幅面（图幅为 A4，比例为 1：1）。

（2）画出图框和标题栏。

（3）分析平面图形中哪些是已知线段，哪些是中间线段，哪些是连接线段，以及所给定的连接条件。

（4）根据各组成部分的尺寸关系，画作图基准线，如图 1-17（a）所示。

（5）画已知线段，如图 1-17（b）所示。

（6）画中间线段（求出圆心、切点），如图 1-17（c）所示。

（7）画连接线段，如图 1-17（d）所示。

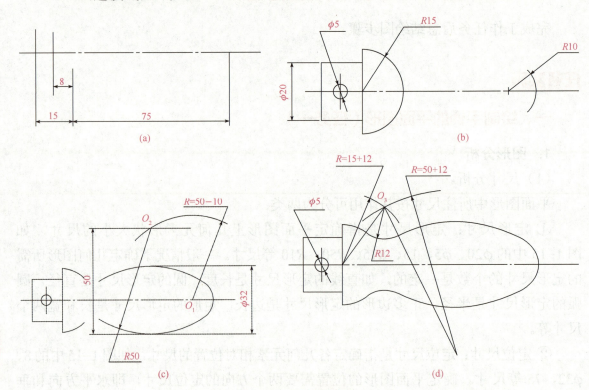

图 1-17　手柄的画法

（a）画作图基准线；（b）画已知线段；（c）画中间线段；（d）画连接线段

（8）将图线加粗加深。

二、绘制扳手的平面图形（任务二）

1. 图形分析

扳手钳口是正六边形的四条边。扳手弯头形状由一个 R18 和两个 R9 圆弧组成，R16、R8 和两个 R4 均为连接圆弧。

2. 画图步骤

（1）根据图形的大小选择比例及图纸幅面（图幅为 A4，比例为 1∶1）。

（2）画出图框和标题栏。

（3）画作图基准线。

根据已知尺寸画出扳手轴线和中心线及扳手的轮廓，如图 1-18（a）所示。

（4）根据图 1-16 所示作出正六边形，再由 R18 和两个 R9 圆弧作出扳手头部弯头的图形，圆弧连接点是 1 和 2，如图 1-18（b）所示。

（5）作连接圆弧 R16 的圆心并作 R16 圆弧，点 3、4 为切点。R8 和 R4 的圆心求法相同，如图 1-18（c）所示。

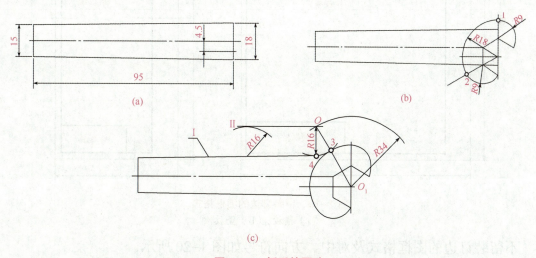

图 1-18 扳手的画法

（a）画作图基准线；（b）作正六边形及弯头图形；（c）画连接圆弧

（6）将图线加粗加深。

相关知识

一、制图的基本知识

1. 图纸幅面

绘制图样时，常用的基本幅面代号有 A0、A1、A2、A3 和 A4 五种，图纸幅面及图框格式尺寸见表 1-3。

表1-3 图纸幅面及图框格式尺寸

幅面代号	幅面尺寸/mm	周边尺寸/mm		
	$B \times L$	a	c	e
A0	841×1 189	25	10	20
A1	594×841			
A2	420×594			
A3	297×420		5	10
A4	210×297			

2. 图框格式

图框是图纸上限定绘图区域的线框。图框在图纸上必须用粗实线画出，其格式分为两种：留装订边和不留装订边。同一产品中所有图样均应采用同一种格式。

留装订边的图框格式，如图1-19所示。

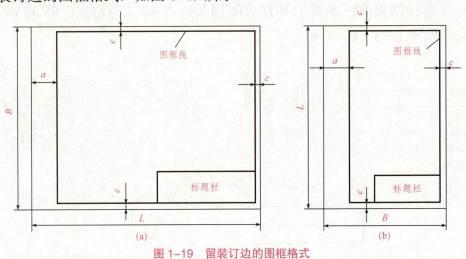

图1-19 留装订边的图框格式
（a）横放；（b）竖放

不留装订边的图框格式及对中、方向符号如图1-20所示。

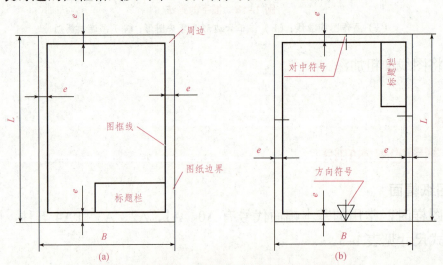

图1-20 不留装订边的图框格式及对中、方向符号
（a）图框格式；（b）对中、方向符号

3. 标题栏

标题栏的位置一般在图框的右下角,看图的方向应与标题栏的方向一致,简易标题栏如图 1-21 所示。

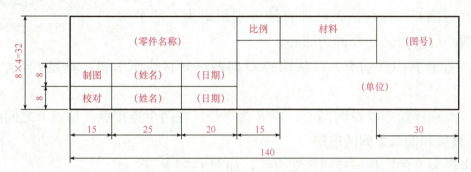

图 1-21 简易标题栏

4. 比例

比例是指图样中机件要素的线性尺寸与实际机件相应要素的线性尺寸之比。

注意:

(1)比例规范化,不可随意确定,绘画比例见表 1-4。

(2)画图时应尽量采用 1∶1 的比例(即原值比例)画图,以便直接从图样中看出机件的真实大小。

(3)图样不论放大或缩小,图样上标注的尺寸均为机件的实际大小,而与采用的比例无关。

(4)绘制同一机件的各个视图应采用相同的比例,并在标题栏的比例栏中填写。

表 1-4 绘图比例

原值比例	1∶1				
放大比例	2∶1 (2.5∶1)	5∶1 (4∶1)	$1×10^n∶1$ ($2.5×10^n∶1$)	$2×10^n∶1$ ($4×10^n∶1$)	$5×10^n∶1$
缩小比例	1∶2 (1∶1.5) ($1∶1.5×10^n$)	1∶5 (1∶2.5) ($1∶2.5×10^n$)	$1∶1×10^n$ (1∶3) ($1∶3×10^n$)	$1∶2×10^n$ (1∶4) ($1∶4×10^n$)	$1∶5×10^n$ (1∶6) ($1∶6×10^n$)

二、圆弧连接

1. 圆弧连接的概念

圆弧连接:用一圆弧光滑地连接两条已知线段。

2. 作图步骤

(1)求连接圆弧的圆心。

(2)找出连接点即切点的位置。

(3)在两连接点之间作出连接圆弧。

3. 两直线之间的圆弧连接

用半径为 R 的圆弧连接两条已知直线，如图 1-22 所示。

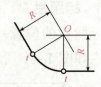

图 1-22　两直线之间的圆弧连接

（1）定圆心：作与两条已知直线分别距离为 R 的平行线。两平行线的交点 O 即为圆心。

（2）定连接点（切点）：从圆心 O 向两已知直线作垂线，垂足 t 即为连接点（切点）。

（3）画连接弧：以 O 为圆心，以 R 为半径，在两个连接点（切点）之间画弧。

4. 直线和圆弧之间的连接

用半径为 R 的圆弧连接两已知直线，如图 1-23 所示。

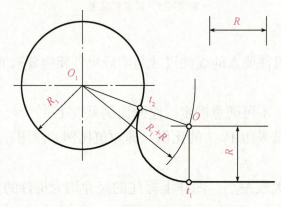

图 1-23　直线与圆弧之间的连接

（1）定圆心：作与已知直线距离为 R 的平行线；以 O_1 为圆心，$R+R_1$ 为半径画圆弧，圆弧与直线的交点 O 即为圆心。

（2）定连接点（切点）：从圆心 O 向已知直线作垂线，垂足 t_1 即为连接点（切点），连接 OO_1，OO_1 与圆弧的交点 t_2 即为连接点（切点）。

（3）画连接弧：以 O 为圆心，以 R 为半径，在两个连接点（切点）之间画弧。

5. 两圆弧间的圆弧连接

用半径为 R 的圆弧外切两已知圆弧，如图 1-24 所示。

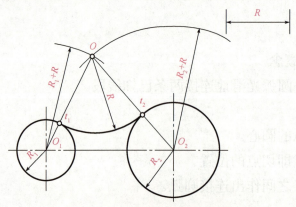

图 1-24　圆弧外连接两已知圆弧

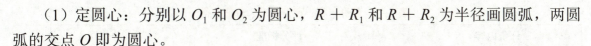

（1）定圆心：分别以 O_1 和 O_2 为圆心，$R+R_1$ 和 $R+R_2$ 为半径画圆弧，两圆弧的交点 O 即为圆心。

（2）定连接点（切点）：连接 OO_1 和 OO_2，分别与两圆弧交于 t_1 和 t_2，t_1、t_2 即为连接点（切点）。

（3）画连接弧：以 O 为圆心，以 R 为半径，在两个连接点（切点）之间画弧。

> 想一想：如何实现圆弧内连接两已知圆弧？

三、平面图形的分析

平面图形是由若干直线和曲线按照一定的几何关系绘制而成的，这些线段又必须根据给定的尺寸关系画出，所以就必须对图形中标注的尺寸及连接关系进行分析，来确定画图顺序。

（1）尺寸分析。

① 定形尺寸：定形尺寸是指确定平面图形上几何元素形状大小的尺寸。

② 定位尺寸：定位尺寸是指确定各几何元素相对位置的尺寸。

（2）线段分析。

根据定形、定位尺寸是否齐全，可以将平面图形中的图线分为以下三大类：

① 已知线段：定形、定位尺寸齐全的线段。

② 中间线段：只有定形尺寸和一个定位尺寸的线段。

③ 连接线段：只有定形尺寸没有定位尺寸的线段。

四、总结绘图步骤

（1）图形分析。

（2）确定绘图比例，选用图幅，固定图纸，绘制图框和标题栏。

（3）画基准线。

（4）画已知线段。

（5）画中间线段。

（6）画连接线段。

（7）检查并将线加深。

学习效果评价

1．以学生完成任务的情况作为评分标准，并以此考查学生的理论知识和动手能力。

2．要求学生独立或分组完成工作任务，由教师对每位及每组同学的完成情况进行评价，并给出每位同学的成绩，具体评价内容、评分标准、分值及得分见表1-5。

表 1-5 评价内容、评分标准、分值及得分

评价内容	评分标准	分值	得分
绘图工具使用情况	能正确使用绘图工具	10	
任务一	绘图步骤正确	20	
	绘图方法正确	20	
	能运用相关知识理解绘图方法	20	
任务二	绘图步骤正确	20	
	绘图方法正确	20	
	能运用相关知识理解绘图方法	20	
图面质量	布局合理，图面整洁	10	
职业素养	执行国家标准、遵守职业规范、工作态度认真	20	

模块三　标注平面图形尺寸

学习目标

知识目标：
1. 掌握标注尺寸的基本原则。
2. 掌握基本的尺寸标注方法。
3. 熟悉国家标准对书写汉字、字母的有关要求。

素养目标：
培养学生贯彻、执行国家标准的意识，使学生逐步养成在工作中遵守职业规范的习惯；树立踏实认真的职业精神。

工作任务

任务一：对手柄的平面图形进行尺寸标注，如图 1-15 所示。
任务二：对扳手的平面图形进行尺寸标注，如图 1-16 所示。

任务分析

完成工作任务所需要的知识点（教师讲解，详见相关知识部分）。

一、尺寸标注的基本规定

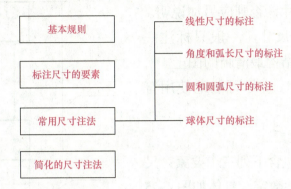

二、字体（填写标题栏时讲解）

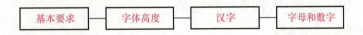

任务实施

一、对手柄进行尺寸标注（任务一）

（1）标注线性尺寸：8，15，75。
（2）标注半径尺寸：$R12$，$R15$，$R50$，$R10$。
（3）标注直径尺寸：$\phi20$，$\phi5$，$\phi32$。

二、对扳手进行尺寸标注（任务二）

（1）标注大端尺寸：$R4$，15。
（2）标注右端尺寸：4.5，$R9$，$R8$，$R18$，$R16$，$R9$，18，16。
（3）标注总长度：95。

相关知识

一、尺寸标注的基本规定

图样中，图形只能表示物体的形状，不能确定它的大小，因此，图样中必须通过标注尺寸来确定其大小。国家标准对尺寸标注的基本方法有一系列的规定。标注尺寸时，应做到正确、齐全、清晰、合理。

1. 基本规则

（1）机件的真实大小应以图样上所标注的尺寸数值为依据，与图形的大小及绘图的准确度无关。
（2）图样中的尺寸以毫米为单位时不需标注单位，如果使用其他单位，则需要说明相应的计量单位。

（3）图样中所标注的尺寸应为该图所示机件的最终完工尺寸，否则应另加说明。

（4）机件的每一尺寸，一般只标注一次，并应标注在反映结构最清晰的图上。

（5）标注尺寸时，应尽可能地使用符号或缩写词。

2. 标注尺寸的要素

完整的尺寸标注包含下列三个要素：尺寸界线、尺寸线、尺寸数字，具体如图1-25所示。

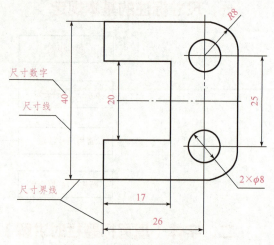

图1-25 标注尺寸的要素

（1）尺寸界线：表示所注尺寸的起始和终止位置，用细实线绘制。

它由图形的轮廓线、轴线或对称中心线引出。也可利用轮廓线、轴线或对称中心线本身作尺寸界线。

强调：尺寸界线一般应与尺寸线垂直，必要时允许与尺寸线成适当的角度，尺寸界线超出尺寸线2 mm左右。

（2）尺寸线：表示所注尺寸的范围，用细实线绘制。

尺寸线不能用其他图线代替，不得与其他图线重合或画在其延长线上，并应尽量避免尺寸线之间及尺寸线与尺寸界线相交。

标注线性尺寸时，尺寸线必须与所标注的线段平行，相互平行的尺寸线小尺寸在内，大尺寸在外，依次排列整齐。并且各尺寸线的间距要均匀，间隔应大于5 mm，以便注写尺寸数字和有关符号。

尺寸线终端有两种形式：箭头和细斜线。机械图样一般用箭头形式，箭头尖端与尺寸界线接触，不得超出也不得有空隙，箭头画法如图1-26（a）所示。当尺寸线太短，没有足够的位置画箭头时，允许将箭头画在尺寸线外边；在标注连续的小尺寸时可用圆点代替箭头，如图1-26（b）所示。

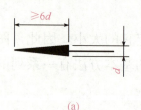

(a)

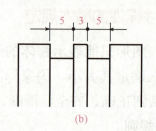

(b)

图1-26 尺寸线终端

（a）箭头画法；（b）圆点代替箭头

（3）尺寸数字：表示所注尺寸的数值。

注意：

① 线性尺寸的数字一般应写在尺寸线的上方、左方或尺寸线的中断处，位置不够时，也可以引出标注。

② 尺寸数字不能被任何图线通过，否则必须将该图线断开。

③ 在同一张图上基本尺寸的字高要一致，一般采用3.5号字，不能根据数值大小的改变而改变。

3. 常用尺寸注法

（1）线性尺寸的标注。

线性尺寸数字一般应注写在尺寸线的上方或左方，也允许注写在尺寸线的中断处。

注写线性尺寸数字，如尺寸线为水平方向时，尺寸数字规定由左向右书写，字头向上；如尺寸线为竖直方向时，尺寸数字由下向上书写，字头朝左；在倾斜的尺寸线上注写尺寸数字时，必须使字头方向有向上的趋势，如图1-27所示。

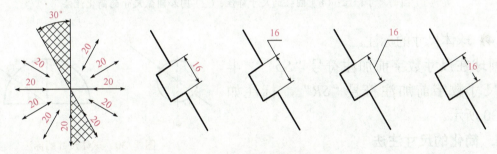

图1-27 线性尺寸的标注

注意：当尺寸线在图示30°范围内（阴影处）时，可采用右边几种形式标注，同一张图样中的标注形式要统一。

（2）角度和弧长尺寸的标注。

角度的尺寸界线应沿径向引出，尺寸线是以角的顶点为圆心画出的圆弧线。角度的数字应水平书写，一般注写在尺寸线的中断处，必要时也可写在尺寸线的上方或外侧。角度较小时也可以用指引线引出标注。角度尺寸必须标注单位，如图1-28（a）所示。弧长尺寸标注如图1-28（b）所示。

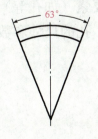 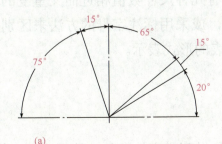

(a) (b)

图1-28 角度和弧长尺寸的标注

（a）角度尺寸标注；（b）弧长尺寸标注

(3) 圆和圆弧尺寸的标注。

标注圆及圆弧的尺寸时，一般可将轮廓线作为尺寸界线，尺寸线或其延长线要通过圆心。大于半圆的圆弧标注直径，在尺寸数字前加注符号"φ"，小于和等于半圆的圆弧标注半径，在尺寸数字前加注符号"R"。没有足够的空位时，尺寸数字也可写在尺寸界线的外侧或用引线引出标注。圆和圆弧的小尺寸的标注如图1-29所示。

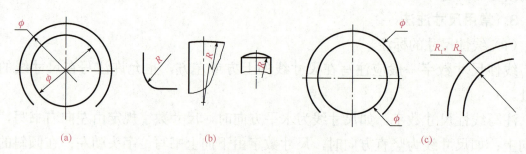

图1-29 圆和圆弧尺寸的标注
（a）圆的尺寸标注；（b）圆弧的尺寸标注；（c）圆和圆弧尺寸的简化注法

（4）球体尺寸的标注。

圆球在尺寸数字前加注符号"Sφ"，半球在尺寸数字前加注符号"SR"，标注如图1-30所示。

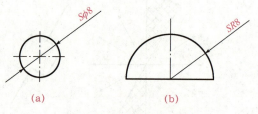

图1-30 球体尺寸的标注
（a）球直径；（b）球半径

4. 简化的尺寸注法

（1）若图样中圆角或倒角的尺寸全部相同或某个尺寸占多数时，可在图样空白处作总的说明，如"全部圆角R4""全部倒角C2""其余圆角R4""其余倒角C1"等。

（2）一般的退刀槽可按"槽宽×直径"或"槽宽×槽深"的形式标注。

（3）在同一图形中，对于尺寸相同的孔、槽等成组要素，可仅在一个要素上注出其尺寸和数量。

（4）当成组要素的定位和分布情况在图形中已明确时，可不标注其角度，并省略"均布"两字。

（5）在同一图形中具有几种尺寸数值相近而又重复的要素（如孔等）时，采用标记（如涂色等）的方法，或采用标注字母的方法来区别。孔的尺寸和数量可直接标注在图形上，也可用列表的形式表示。

二、字体

1. 基本要求

图样中书写的字体必须做到：字体工整、笔画清楚、排列整齐、间隔均匀。

2. 字体高度

以字号代表字体的高度，其公称尺寸系列为 1.8、2.5、3.5、5、7、10、14、20。

注：3.5 号字的含义为字体的高度为 3.5 mm。

3. 汉字

汉字应写成长仿宋字体，并应采用国家正式公布推行的简化字。汉字的高度应不小于 3.5 mm，其宽度一般为 $h/\sqrt{2}$。

长仿宋体汉字的书写要领是横平竖直、注意起落、结构均匀、填满方格。

4. 字母和数字

（1）字母和数字分为 A 型和 B 型。

A 型字体的笔画宽度 $d = h/14$（h 为字高）。

B 型字体的笔画宽度 $d = h/10$。

（2）字母和数字有斜体和直体之分，常用斜体。斜体字字头向右倾斜，与水平基准线成 75°角。当与汉字混写时一般用直体。用作指数、分数、极限偏差、注脚的数字和字母，一般应采用小一号字体。

字体示例见表 1-6。

表 1-6 字体示例

长仿宋体汉字		基本笔画 / 结构特点（机械制图）
长仿宋体汉字	10号	字体工整 笔画清楚 间隔均匀 排列整齐
	7号	横平竖直 注意起落 结构均匀 填满方格
	5号	技术制图石油化工机械电子汽车航空船舶土木建筑矿山井坑港口纺织焊接设备工艺
	3.5号	螺纹齿轮端子接线飞行指导驾驶舱位挖填施工引水通风闸阀坝棉麻化纤材料及热处理
拉丁文字母	大写斜体	*ABCDEFGHIJKLMNOPQRSTUVWXYZ*
	小写斜体	*abcdefghijklmnopqrstuvwxyz*

续表

阿拉伯数字	斜体	0123456789
	正体	0123456789
罗马数字	斜体	Ⅰ Ⅱ Ⅲ Ⅳ Ⅴ Ⅵ Ⅶ Ⅷ Ⅸ Ⅹ
	正体	Ⅰ Ⅱ Ⅲ Ⅳ Ⅴ Ⅵ Ⅶ Ⅷ Ⅸ Ⅹ
字体的应用		$\phi 20^{+0.010}_{-0.023}$　　$7°^{+1°}_{-2°}$　$\frac{3}{5}$ A—A　　M24—6h　　HT200　R8　5% $\phi 25 \frac{H6}{m5}$　　$\frac{Ⅱ}{2:1}$　$\frac{A}{5:1}$ $\boxed{\swarrow\ 0.02\ \ A}$　$\sqrt{Ra6.3}$　$\sqrt{}(\sqrt{})$

学习效果评价

1. 以学生完成任务情况作为评分标准,并以此考查学生的理论知识和动手能力。

2. 要求学生独立或分组完成工作任务,由教师对每位及每组同学的完成情况进行评价,并给出每位同学的成绩,具体评价内容、评分标准、分值及得分见表1-7。

表1-7 评价内容、评分标准、分值及得分

评价内容	评分标准	分值	得分
任务一	尺寸标注步骤正确	10	
	尺寸标注方法正确	20	
	布局合理、清晰、完整,符合国家标准要求	30	
	能运用相关知识理解尺寸标注方法	20	
任务二	尺寸标注步骤正确	10	
	尺寸标注方法正确	20	
	布局合理、清晰、完整,符合国家标准要求	30	
	能运用相关知识理解尺寸标注方法	20	
职业素养	执行国家标准、遵守职业规范、工作态度认真	20	

第二单元 计算机绘图技能训练

模块一　熟悉 AutoCAD（基本操作）
模块二　运用 AutoCAD 绘制简单平面图形
模块三　图层应用和尺寸标注
模块四　运用 AutoCAD 绘制一般平面图形

模块一　熟悉 AutoCAD 基本操作

学习目标

知识与技能目标：
1. 熟悉 AutoCAD 2018 的工作界面。
2. 掌握直线、圆命令的用法。
3. 掌握辅助绘图工具的用法。
4. 理解直角坐标、相对坐标的含义，并能在绘图中应用。

素养目标：
引导学生明确自身在新时代中国特色社会主义建设事业中的职业使命；培养学生的科学思维能力和严谨的工作作风。

工作任务

任务一：熟悉 AutoCAD 2018 常用的二维绘图环境。
任务二：绘制练习 1 图形，如图 2-1 所示。
任务三：绘制练习 2 图形，如图 2-2 所示。
任务四：绘制练习 3 图形，如图 2-3 所示。
任务五：绘制练习 4 图形，如图 2-4 所示。
任务六：绘制练习 5 图形，如图 2-5 所示。

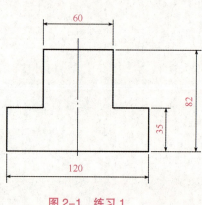

图 2-1　练习 1

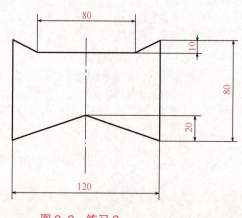

图 2-2　练习 2

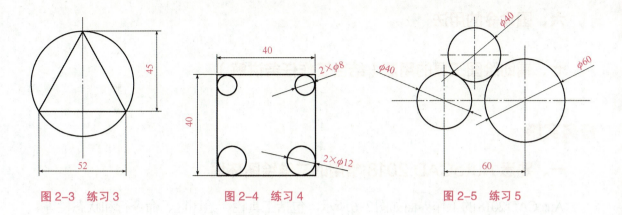

图 2-3 练习 3　　　　图 2-4 练习 4　　　　图 2-5 练习 5

任务分析

完成工作任务所需要的知识点（详见相关知识部分，教师演示时详细讲解）。

一、AutoCAD 软件介绍

二、AutoCAD 2018 的用户界面

（1）标题栏。
（2）菜单栏。
（3）工具栏。
（4）绘图区。
（5）命令区与命令窗口状态栏。
（6）状态栏。

状态栏中部是一些按钮，表示绘图时是否启用正交模式、栅格捕捉和栅格显示等功能。

（7）选项卡。
（8）工具选项板。

三、AutoCAD2018 的文件管理

（1）创建新图。
（2）打开已有的图形。
（3）保存和关闭图形文件。

四、命令的启动和结束方式

五、直线命令的用法

六、圆命令的用法

七、辅助绘图工具的用法（结合工作任务讲解）

任务实施

一、熟悉 AutoCAD 2018 常用的二维绘图环境

AutoCAD 2018的工作界面如图2-6所示，包括工具栏、绘图区、命令行和状态栏等。

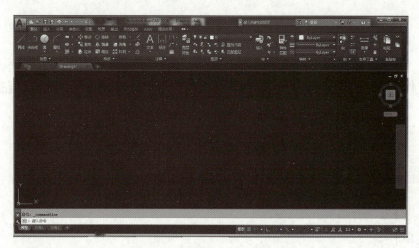

图 2-6　AutoCAD 2018 工作界面

二、绘制练习 1 图形（任务一）

（1）新建文件。

（2）打开极轴追踪、对象捕捉追踪和对象捕功能，如图2-7（a）、（b）、（c）所示。

基本操作一

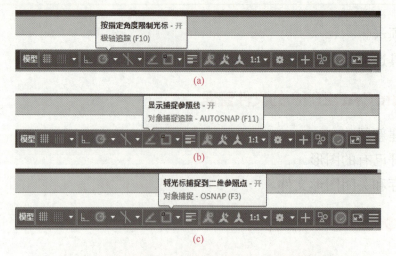

图 2-7　打开极轴追踪、对象捕捉追踪和对象捕捉功能
（a）极轴追踪；（b）对象捕捉追踪；（c）对象捕捉

（3）运用直线命令绘制图形，单击按钮 ◢（LINE 命令），命令行的显示操作如下：

命令：_line

指定第一点：//任意位置单击鼠标左键

指定下一点或［放弃（U）］：30//在水平向右方向输入 30［图 2-8（a）］后回车

指定下一点或［放弃（U）］：47//在竖直向下方向输入 47［图 2-8（b）］后回车

指定下一点或［闭合（C）/放弃（U）］：30//在水平向右方向输入 30［图 2-8（c）］后回车

指定下一点或［闭合（C）/放弃（U）］：35//在竖直向下方向输入 35［图 2-8（d）］后回车

指定下一点或［闭合（C）/放弃（U）］：120//在水平向左方向输入 120［图 2-8（e）］后回车

指定下一点或［闭合（C）/放弃（U）］：35//在竖直向上方向输入 35［图 2-8（f）］后回车

指定下一点或［闭合（C）/放弃（U）］：30//在水平向右方向输入 30［图 2-8（g）］后回车

指定下一点或［闭合（C）/放弃（U）］：//在竖直向上，运用捕捉和追踪功能与起点在水平方向对正［图 2-8（h）］，单击鼠标左键

指定下一点或［闭合（C）/放弃（U）］：//捕捉起点［图 2-8（i）］，单击鼠标左键，与起点闭合

指定下一点或［闭合（C）/放弃（U）］：//回车结束命令

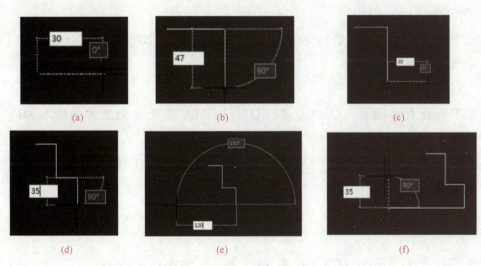

图 2-8　任务一

(g)

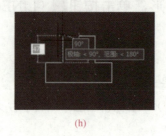
(h)

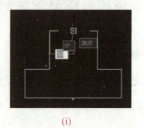
(i)

图 2-8　任务一（续）

绘制后的图形如图 2-1 所示。

（4）保存文件。

三、绘制练习 2 图形（任务二）

基本操作二

（1）新建文件。

（2）运用直线命令绘制图形，单击按钮■（LINE 命令），命令行的显示操作如下：

命令：_line

指定第一点：// 任意位置单击鼠标左键

指定下一点或［放弃（U）］：40// 在水平向右方向输入 40 ［图 2-9（a）］后回车

指定下一点或［放弃（U）］：@20，10// 输入 @20，10 ［图 2-9（b）］后回车

注：相对坐标，X 方向从左向右为正，Y 方向从下向上为正

指定下一点或［闭合（C）/放弃（U）］：80// 在竖直向下方向输入 80 ［图 2-9（c）］后回车

指定下一点或［闭合（C）/放弃（U）］：@-60，20// 输入 @-60，20 ［图 2-9（d）］后回车

指定下一点或［闭合（C）/放弃（U）］：@-60，-20// 输入 @-60，-20 ［图 2-9（e）］后回车

注：利用相对坐标

指定下一点或［闭合（C）/放弃（U）］：80// 在竖直向上方向输入 80 ［图 2-9（f）］后回车

指定下一点或［闭合（C）/放弃（U）］：@20，-10// 输入 @20，-10 ［图 2-9（g）］后回车

指定下一点或［闭合（C）/放弃（U）］：// 捕捉起点，单击鼠标左键，与起点闭合

指定下一点或［闭合（C）/放弃（U）］：// 回车结束命令

绘制后的图形如图 2-2 所示。

（3）保存文件。

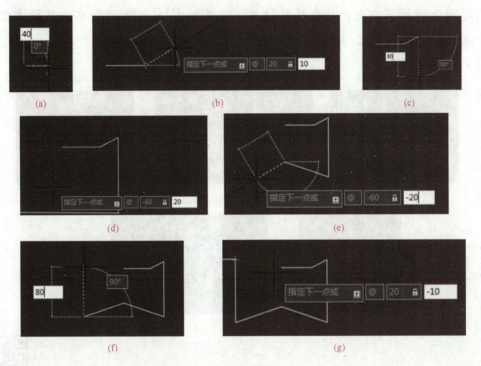

图 2-9　任务二

四、绘制练习 3 图形（任务三）

（1）新建文件。

（2）运用直线命令画三角形，单击按钮▨（LINE 命令），命令行的显示操作如下：

基本操作三

命令：_line

指定第一点：//任意位置单击鼠标左键

指定下一点或［放弃（U）］：52// 在水平向右方向输入 52 后回车［图 2-10（a）］

指定下一点或［放弃（U）］：@-26，45// 输入 @-26，45 后回车［图 2-10（b）］

指定下一点或［闭合（C）/放弃（U）］：// 捕捉起点，单击鼠标左键，与起点闭合

指定下一点或［闭合（C）/放弃（U）］：// 回车结束命令［图 2-10（c）］

（3）运用圆命令画圆，单击按钮◯（CIRCLE 命令），具命令行的显示操作如下：

命令：_circle 指定圆的圆心或［三点（3P）/两点（2P）/相切、相切、半径（T）］：_3p

指定圆上的第一个点：// 在命令行输入 3p，在屏幕捕捉三角形的一个顶点［图 2-10（d）］，单击鼠标左键

指定圆上的第二个点：//在屏幕上捕捉三角形的第二个顶点［图 2-10（e）］，单击鼠标左键

指定圆上的第三个点：//在屏幕捕捉三角形的第三个顶点，单击鼠标左键

绘制后的图形如图 2-3 所示。

（4）保存文件。

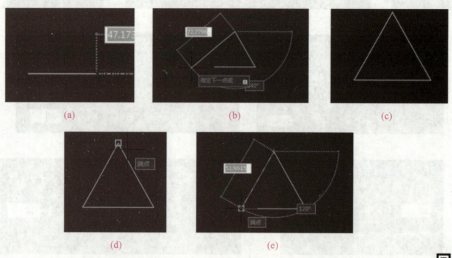

图 2-10 任务三

五、绘制练习 4 图形（任务四）

（1）新建文件。

（2）运用直线命令 ▨（LINE 命令）画正方形，具体步骤：在屏幕上任意指定起点，在水平向右方向输入 40 后回车［图 2-11（a）］，在竖直向下方向输入 40 后回车［图 2-11（b）］，鼠标捕捉到起点后在竖直方向和水平方向的交点处单击鼠标左键，确定第三点［图 2-11（c）］，再与起点闭合，完成正方形的绘制［图 2-11（d）］。

（3）运用圆命令 ⬤（CIRCLE 命令）画右上角的小圆，命令行的显示操作如下：

命令：_circle

指定圆的圆心或［三点（3P）/两点（2P）/相切、相切、半径（T）］：t// 输入 t 后回车

指定对象与圆的第一个切点：//在右上角横线上捕捉大致正确的切点位置［图 2-11（e）］，单击鼠标左键

指定对象与圆的第二个切点：//在右上角竖线上捕捉大致正确的切点位置［图 2-11（f）］，单击鼠标左键

指定圆的半径 <30.0111>：4// 输入 4 后回车［图 2-11（g）］

（4）用同样的方法绘制其余三个小圆。

绘制后的图形如图 2-4 所示。

（5）保存文件。

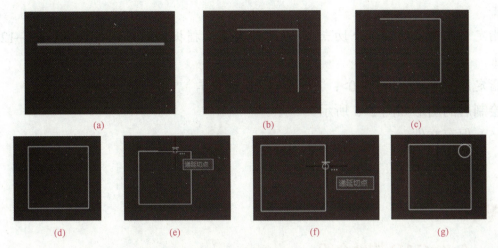

图 2-11 任务四

六、绘制练习 5 图形（任务五）

基本操作五

（1）新建文件。

（2）运用圆命令 ⊙（CIRCLE 命令）画左边的小圆，圆心位置任意指定，半径输入 20，完成小圆 [图 2-12（a）]。

（3）运用圆命令 ⊙（CIRCLE 命令）画右边的大圆，圆心在捕捉到左边小圆的圆心后，向正右方追踪，在追踪线上半径输入 60 后回车 [图 2-12（b）]，再指定半径 30，完成大圆 [图 2-12（c）]。

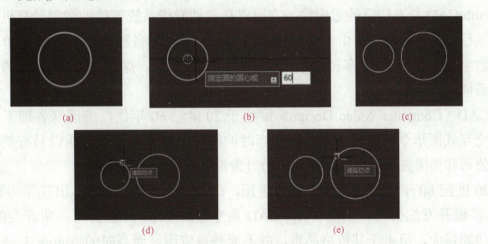

图 2-12 任务五

（4）运用圆命令 ⊙（CIRCLE 命令）画上边小圆，命令行的显示操作如下：

命令：_circle

指定圆的圆心或［三点（3P）/两点（2P）/相切、相切、半径（T）］：t// 输入 t 后回车

指定对象与圆的第一个切点：// 在左边小圆上捕捉大致正确的切点［图 2-12（d）］后单击

指定对象与圆的第二个切点：// 在右边大圆上捕捉大致正确的切点［图 2-12（e）］后单击

指定圆的半径 <30.0000>：20// 输入 20 后回车

绘制后的图形如图 2-5 所示。

（5）保存文件。

相关知识

一、AutoCAD 软件介绍

AutoCAD 是利用计算机的软硬件系统来辅助工程技术人员进行产品的开发、设计、修改、模拟和输出的一门综合性应用技术。

AutoCAD 是由美国 Autodesk（欧特克）公司于 20 世纪 80 年代初为在微机上应用 CAD 技术而开发的绘图程序软件包，经过不断地完善，现已经成为在国际上广为流行的绘图工具。

AutoCAD 具有良好的用户界面，通过交互菜单或命令行便可以进行各种操作。它的多文档设计环境，让非计算机专业人员也能很快地学会使用。在不断实践的过程中更好地掌握它的各种应用和开发技巧，从而不断提高工作效率。

AutoCAD 具有广泛的适应性，它可以在各种操作系统支持的微型计算机和工作站上运行，并支持分辨率由 320×200 到 2 048×1 024 的各种图形显示设备 40 多种，以及数字仪和鼠标器 30 多种，绘图仪和打印机数十种，这就为 AutoCAD 的普及创造了条件。

CAD（Computer Aided Design）诞生于 20 世纪 60 年代，美国麻省理工学院提出了交互式图形学的研究计划，由于当时的硬件设施非常昂贵，所以只有美国通用汽车公司和美国波音航空公司使用自行开发的交互式绘图系统。

20 世纪 80 年代，由于 PC 机的应用，CAD 得以迅速发展，出现了专门从事 CAD 系统开发的公司。当时 Versa CAD 是专业的 CAD 开发公司，所开发的 CAD 软件功能强大，但由于其价格昂贵，故不能普遍应用。而当时的 Autodesk 公司是一个仅有员工数人的小公司，其开发的 CAD 系统虽然功能有限，但因其可免费拷贝，故在社会上得以广泛应用。同时，该系统的开放性使得该 CAD 软件升级迅速。目前应用较多的版本有 AutoCAD 2007、AutoCAD 2008、AutoCAD 2010、AutoCAD

2012、AutoCAD 2016 以及 AutoCAD 2018 等。

二、AutoCAD 2018 的用户界面

1. 标题栏
标题栏位于工作界面的最上方。

2. 菜单栏
菜单栏包括了 AutoCAD 2018 几乎全部的功能和命令。

3. 工具栏
工具栏可使用户方便地访问常用的命令、设置模式，直观地实现各种操作，它是一种可代替命令和下拉菜单的简便工具。

4. 绘图区
其是指绘制图形的区域。

5. 命令区与命令窗口状态栏
其是用户和 AutoCAD 进行对话的窗口，对于初学者来说，应特别注意这个窗口。

6. 状态栏
状态栏中部是一些按钮，表示绘图时是否启用正交模式、栅格捕捉、栅格显示等功能。

7. 选项卡
选项卡包含"模型""布局1""布局2"3 个选择项目。

8. 工具选项板
工具选项板是指由用户定制的工具面板。

三、AutoCAD 2018 的文件管理

（1）创建新图。
（2）打开已有的图形。
（3）保存和关闭图形文件。

四、AutoCAD 2018 的坐标系统

1. 世界坐标系
缺省坐标系统，其坐标原点和坐标轴方向均不会改变。

2. 用户坐标系
其是指根据需要自己建立的坐标系。

五、坐标表示方法

1. 绝对坐标

以原点（0，0，0）为基点定位所有的点。

（1）绝对直角坐标：绘图区内任何一点均可以用 x，y，z 来表示，在 XOY 平面绘图时，Z 坐标缺省值为 0，用户仅输入 X、Y 坐标即可。

（2）绝对极坐标：极坐标是通过相对于极点的距离和角度来定义点的位置的，表示方法：距离＜角度。

2. 相对坐标

相对坐标是某点（例如 A 点）相对某一特定点（例如 B 点）的位置，绘图中常将上一操作点看成是特定点，相对坐标的表示特点是在坐标前加上相对坐标符号"@"。

（1）相对直角坐标的表示方法：@x，y。

（2）相对极坐标的表示方法：@距离＜角度。

六、直线命令

命令调用方式如下：

图标方式：。

键盘输入方式：LINE。

七、圆命令

1. 命令调用方式

图标方式：。

键盘输入方式：CIRCLE。

2. AutoCAD 2018 提供的 6 种绘制圆的方法

（1）圆心、直径法。

（2）圆心、半径法。

（3）三点法。

（4）两点法。

（5）相切、相切、半径。

（6）相切、相切、相切法。

八、拓展：具有 CAD 功能的几种软件

1. 中望 CAD

中望 CAD 是中望公司自主研发的二维 CAD 平台软件，其性能优越，稳定性更

强，具备丰富的绘图功能及便捷的命令操作，新增批量打印、边界夹点、支持跨平台等众多新特性，可满足企业用户更深层次的应用需求。

在与AutoCAD的兼容性方面，中望CAD一直以AutoCAD最新版为蓝本进行开发，目前已完成了95%的界面相似性。所以，中望CAD能兼容DWG、DXF等图形格式，准确读取和保存数据内容。同时，设计师使用方法无须改变，即刻上手操作。截至目前，中望CAD已经畅销全球80多个国家和地区，拥有15个语言版本，正版用户突破55万，其中不乏宝钢集团、上汽集团、华为、富士康、中船集团、中建三局等众多中国乃至世界级知名企业用户。中望CAD软件不断获得国内外用户的广泛使用。

2. CAXA

CAXA由北京北航海尔软件有限公司开发研制，它坚持"软件服务制造业"的理念，开发出拥有自主知识产权的9大系列30多种CAD、CAPP、CAM、DNC、PDM、MPM和PLM软件产品和解决方案，涵盖了制造业信息化设计、工艺、制造和管理四大领域，曾荣获中国软件行业协会20年"金软件奖"以及"中国制造业信息化工程十大优秀供应商"等荣誉。

3. Pro/E

Pro/E由美国参数技术公司（Parametric Technology Corporation，PTC）开发研制，是一套由设计至生产的机械自动化软件，是新一代的产品造型系统，是一个参数化、基于特征的实体造型系统。

Pro/E功能如下：

（1）特征驱动（如凸台、槽、倒角、壳等）。

（2）参数化（参数＝尺寸、图样中的特征、载荷、边界条件等）。

（3）通过零件的特征值之间，载荷/边界条件与特征参数之间（如表面积等）的关系来进行设计。

（4）支持大型、复杂组合件的设计。

（5）贯穿所有应用的完全相关性（任何一个地方的变动都将引起每个与之有关的地方的变动）。

（6）其他辅助模块将进一步提高扩展Pro/E的基本功能。

随着科学技术的不断发展，Pro/E将在计算机辅助设计中发挥越来越重要的作用。

4. UG

美国Unigraphics Solutions公司（UGS公司，该公司在2007年已被西门子公司收购，现名Siemens Product Lifecycle Management Software）是全球著名的MCAD供应商，主要为汽车与交通、航空航天、日用消费品、通用机械及电子工业等领域通过其虚拟产品开发（VPD）的理念提供多级化的、集成的、企业级的包括软件产品与服务在内的完整的MCAD解决方案。其主要的CAD产品是UG。

UGS公司的产品同时还遍布通用机械、医疗器械、电子、高技术以及日用消费品等行业，UG具有多样的曲面建模工具，包括直纹面、扫描面、通过一组曲线的自由曲面、通过两组类正交曲线的自由曲面、曲线广义扫掠、标准二次曲线方法放样、等半径和变半径倒圆、广义二次曲线倒圆、两张及多张曲面间的光顺桥接、动态拉动调整曲面、等距或不等距偏置、曲面裁减、编辑、点云生成和曲面编辑等。

学习效果评价

1．以学生完成任务情况作为评分标准，并以此考查学生的动手能力。
2．要求学生独立或分组完成工作任务，由教师对每位及每组同学的完成情况进行评价，并给出每位同学的成绩，具体评价内容、评分标准、分值及得分见表2-1。

表2-1 评价内容、评分标准、分值及得分

评价内容	评分标准	分值	得分
任务一	绘图步骤正确	20	
	图形完整	20	
任务二	绘图步骤正确	20	
	图形完整	20	
任务三	绘图步骤正确	20	
	图形完整	20	
任务四	绘图步骤正确	20	
	图形完整	20	
任务五	绘图步骤正确	20	
	图形完整	20	
相关知识	掌握命令的调用及命令中选项的使用	10	
	掌握对象捕捉、极轴追踪、对象捕捉追踪的使用	10	
	掌握相对坐标的用法	10	
	熟练掌握直线命令的用法	10	
	熟练掌握圆命令的用法	10	
职业素养	执行国家标准、遵守职业规范、工作态度认真	10	

模块二 运用 AutoCAD 绘制简单平面图形

学习目标

知识与技能目标：

1. 掌握修剪、圆弧、镜像、阵列、复制、偏移、椭圆、图案填充、正多边形、缩放、移动、多段线、样条曲线命令的用法。
2. 掌握构造选择集的方式。

素养目标：

引导学生明确自身在新时代中国特色社会主义建设事业中的职业使命；培养学生的举一反三、触类旁通的能力和创新意识；树立踏实认真的职业精神。

工作任务

任务一：绘制练习 6 图形，如图 2-13 所示。
任务二：绘制练习 7 图形，如图 2-14 所示。
任务三：绘制练习 8 图形，如图 2-15 所示。
任务四：绘制练习 9 图形，如图 2-16 所示。
任务五：绘制练习 10 图形，如图 2-17 所示。
任务六：绘制练习 11 图形，如图 2-18 所示。
任务七：绘制练习 12 图形，如图 2-19 所示。

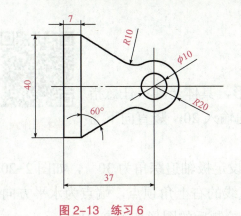

图 2-13 练习 6   图 2-14 练习 7

第二单元 计算机绘图 技能训练

图 2-15 练习 8

图 2-16 练习 9

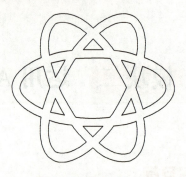

图 2-17 练习 10

图 2-18 练习 11

图 2-19 练习 12

任务分析

完成工作任务所需要的知识点（教师演示时详细讲解）

（1）修剪、圆弧、镜像、阵列、复制、偏移、椭圆、图案填充、正多边形、缩放、移动、多段线、样条曲线命令的用法。

（2）构造选择集的方式。

任务实施

一、绘制练习 6 图形（任务一）

（1）新建文件。

（2）运用直线命令 ▰（LINE 命令）绘制图形，具体步骤：任意指定起点，在竖直向上方向输入 20，水平向右方向输入 20，竖直向下与起点在水平方向对正。

（3）单击"极轴追踪"按钮右边的小三角，设定极轴追踪角为 30°，如图 2-20 所示，然后绘制直线，直线的起点为刚才所画直线的右上角顶点，端点为水平方向向下倾斜 30°后与起点在水平方向对正的位置，绘制后的图形如图 2-21 所示。

（4）运用圆命令 ⬤（CIRCLE 命令）绘制右边两个小圆，具体步骤：鼠标在捕

基本操作六

捉到起点后，在水平向右方向输入37，为小圆圆心，半径输入5，完成小圆；捕捉小圆圆心为大圆圆心，半径输入10，完成大圆。

（5）运用圆命令 ⊙（CIRCLE 命令）绘制与左边直线和右边大圆相切的圆，命令行的显示操作如下：

命令：_circle

指定圆的圆心或［三点（3P）/两点（2P）/相切、相切、半径（T）］：t// 输入 t 后回车

指定对象与圆的第一个切点：// 在屏幕上指定大致正确的切点位置，单击鼠标左键

指定对象与圆的第二个切点：// 在屏幕上指定大致正确的切点位置，单击鼠标左键

指定圆的半径 <10.0000>：10// 输入 10 回车

绘制后的图形如图 2-22 所示。

图 2-20　设置极轴追踪角

图 2-21　画直线

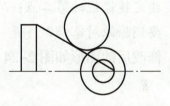
图 2-22　画圆

（6）运用修剪命令 ⊷（TRIM 命令）修剪图形，命令行的显示操作如下：

命令：_trim

当前设置：投影＝UCS，边＝无

选择剪切边…// 选择最后画的圆

选择对象或 <全部选择>：找到 1 个 // 回车

选择对象：

选择要修剪的对象，或按住 Shift 键选择要延伸的对象，或

［栏选（F）/窗交（C）/投影（P）/边（E）/删除（R）/放弃（U）］：// 选择斜线的下半部分

选择要修剪的对象，或按住 Shift 键选择要延伸的对象，或

［栏选（F）/窗交（C）/投影（P）/边（E）/删除（R）/放弃（U）］：// 结束命令

命令：_trim

当前设置：投影＝UCS，边＝无

选择剪切边…//选择斜线和右边大圆

选择对象或＜全部选择＞：找到1个

选择对象或＜全部选择＞：找到1个，总计2个 //回车

选择对象：

选择要修剪的对象，或按住Shift键选择要延伸的对象，或

［栏选（F）/窗交（C）/投影（P）/边（E）/删除（R）/放弃（U）］：//选择最后画的圆的上半部分

选择要修剪的对象，或按住Shift键选择要延伸的对象，或

［栏选（F）/窗交（C）/投影（P）/边（E）/删除（R）/放弃（U）］：//结束命令

修剪后的图形如图 2-23 所示。

（7）运用镜像命令 (MIRROR 命令) 绘制图形，命令行的显示操作如下：

命令：_mirror

选择对象：//选择除两圆外的所有对象后回车

指定镜像线的第一点：// 指定对称线的起点

指定镜像线的第二点：// 指定对称线的端点

要删除源对象吗？［是（Y）/否（N）］：<N>// 不删除源对象

修改后的图形如图 2-24 所示。

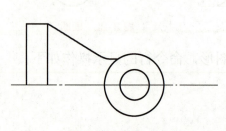

图 2-23　修剪

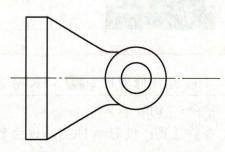

图 2-24　镜像

（8）运用修剪命令 (TRIM 命令) 修剪图形，具体步骤：选择上、下两段圆弧为剪切边，选择右边大圆的左半部分圆弧为要修剪的对象，完成修剪。

（9）运用 (LINE 命令) 补画圆的中心线（中心线用细实线代替），绘制后的图形如图 2-13 所示。

（10）保存文件。

二、绘制练习7图形（任务二）

（1）新建文件。

基本操作七

（2）运用圆命令◯（CIRCLE命令）绘制左边的两个圆形，具体步骤：任意指定圆心，输入半径15绘制小圆，然后绘制半径为30的同心圆。

（3）运用圆命令◯（CIRCLE命令）绘制右边的两个圆形，具体步骤：在捕捉到左边小圆圆心后向右追踪，在水平向右方向追踪线上输入100，绘制半径为10的小圆，然后绘制半径为20的同心圆。

（4）运用直线命令（LINE命令）补出四个圆的圆心线（用细实线代替）。

绘制后的图形如图2-25所示。

（5）运用圆命令（CIRCLE命令）绘制大圆，命令行的显示操作如下：

命令：_circle

指定圆的圆心或［三点（3P）/两点（2P）/相切、相切、半径（T）］：t// 输入t后回车

　　指定对象与圆的第一个切点：// 选择左边大圆的外侧切点位置，单击鼠标左键
　　指定对象与圆的第二个切点：// 选择右边大圆的外侧切点位置，单击鼠标左键
　　指定圆的半径 <20.0000>：230// 输入230回车

绘制后的图形如图2-26所示。

（6）运用修剪命令（TRIM命令）修剪图形，具体步骤：选择左右两个大圆为剪切边，选择最后画的大圆的上半部分为要修剪的对象，完成第一次修剪；然后重复执行修剪命令，选择两条竖线为剪切边，选择左边大圆的右半部分和右边大圆的左半部分为要修剪的对象，完成第二次修剪；再次执行修剪命令，选择下边大圆弧为剪切边，选择下方两小段圆弧为要修剪的对象，完成第三次修剪。修剪后的图形如图2-27所示。

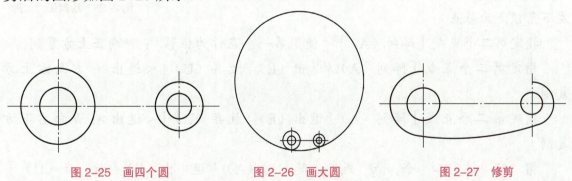

图2-25　画四个圆　　　　图2-26　画大圆　　　　图2-27　修剪

（7）运用圆弧命令（起点、端点、半径方式）绘制图形，命令行的显示操作如下：

命令：_arc

指定圆弧的起点或［圆心（C）］：// 选择左边竖线与大圆的交点为起点，单击鼠标左键

指定圆弧的端点：// 选择右边竖线与大圆的交点为端点，单击鼠标左键

指定圆弧的圆心或［角度（A）/方向（D）/半径（R）］：_r指定圆弧的半径：150// 输入150回车

绘制后的图形如图2-14所示。

（8）保存文件。

三、绘制练习8图形（任务三）

基本操作八

（1）新建文件。

（2）运用正多边形命令 （POLYGON命令）绘制正六边形，命令行的显示操作如下：

命令：_polygon

输入侧面数<4>：6// 输入6后回车

指定正多边形的中心点或［边（E）］： //任意指定一点，单击鼠标左键

输入选项［内接于圆（I）/外切于圆（C）］<I>：i// 输入i，内接于圆

指定圆的半径： //移动鼠标，任意指定半径

绘制后的图形如图2-28所示。

（3）运用复制命令 （COPY命令）绘制图形，具体操作如下：

命令：_copy

选择对象： //选择正六边形后回车

当前设置：复制模式=多个

指定基点或［位移（D）/模式（O）］<位移>： //选择左下角顶点为基点

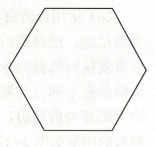

图2-28 绘制正六边形

指定第二个点或［阵列（A）］<使用第一个点作为位移>： //向正上方复制

指定第二个点或［阵列（A）/退出（E）/放弃（U）］<退出>： //向右上方复制

指定第二个点或［阵列（A）/退出（E）/放弃（U）］<退出>： //向右下方复制

指定第二个点或［阵列（A）/退出（E）/放弃（U）］<退出>： //结束命令

（4）重复执行复制命令，选择最初绘制的正六边形，向正下方、左下方、左上方复制。

绘制后的图形如图2-29所示。

（5）运用圆命令 （CIRCLE命令）绘制圆形，圆心位置和半径自定。

绘制后的图形如图2-30所示。

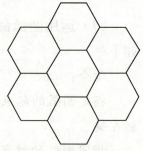

图2-29 复制

（6）运用修剪命令 (TRIM 命令) 修剪圆形，具体步骤：选择圆周为剪切边，选择六个正六边形的圆外部分为要修剪的对象，完成修剪。修改后的图形如图 2-31 所示。

（7）运用图案填充命令 (HATCH 命令)，选择样式为"SOLID"，"拾取点"选择三个空心，完成填充。填充样式如图 2-32 所示，填充后的图形如图 2-15 所示。

（8）保存文件。

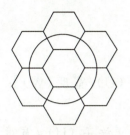

图 2-30　绘制圆形

图 2-31　修剪

图 2-32　填充样式

四、绘制练习 9 图形（任务四）

（1）新建文件。

（2）运用样条曲线命令 (SPLINE 命令) 绘制波浪线。

（3）运用圆弧命令 (ARC 命令) 绘制图形，具体操作如下：

命令：_arc

指定圆弧的起点或［圆心（C）］：

指定圆弧的第二个点或［圆心（C）/端点（E）］：

指定圆弧的端点：

绘制后的图形如图 2-33 所示。

（4）运用多段线命令 (PLINE 命令) 绘制图形，命令行的显示操作如下：

命令：_pline

指定起点：// 指定伞柄的最上端

当前线宽为 0.0000

指定下一个点或［圆弧（A）/半宽（H）/长度（L）/放弃（U）/宽度（W）］：w// 输入 w 回车

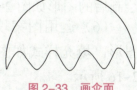

图 2-33　画伞面

指定起点宽度 <0.0000>：2// 指定起点宽度为 2 回车

指定端点宽度 <1.0000>：2// 指定端点宽度为 2 回车

指定下一个点或［圆弧（A）/半宽（H）/长度（L）/放弃（U）/宽度（W）］：// 竖直向下捕捉与圆弧的交点，单击鼠标左键确定

指定下一点或［圆弧（A）/闭合（C）/半宽（H）/长度（L）/放弃（U）/宽度（W）］：

w// 输入 w 回车

指定起点宽度 <1.0000>：0// 指定起点宽度为 0 回车

指定端点宽度 <0.0000>：0// 指定端点宽度为 0 回车

指定下一点或 [圆弧（A）/闭合（C）/半宽（H）/长度（L）/放弃（U）/宽度（W）]：// 竖直向下捕捉与样条曲线的交点，单击鼠标左键确定

指定下一点或 [圆弧（A）/闭合（C）/半宽（H）/长度（L）/放弃（U）/宽度（W）]：w// 输入 w 回车

指定起点宽度 <0.0000>：2// 指定起点宽度为 2 回车

指定端点宽度 <1.0000>：2// 指定端点宽度为 2 回车

指定下一点或 [圆弧（A）/闭合（C）/半宽（H）/长度（L）/放弃（U）/宽度（W）]：// 竖直向下确定伞柄长度，单击鼠标左键确定

指定下一点或 [圆弧（A）/闭合（C）/半宽（H）/长度（L）/放弃（U）/宽度（W）]：a// 输入 a 回车

指定圆弧的端点或 [角度（A）/圆心（CE）/闭合（CL）/方向（D）/半宽（H）/直线（L）/半径（R）/第二个点（S）/放弃（U）/宽度（W）]：// 水平向左指定伞柄左端圆弧的端点

指定圆弧的端点或 [角度（A）/圆心（CE）/闭合（CL）/方向（D）/半宽（H）/直线（L）/半径（R）/第二个点（S）/放弃（U）/宽度（W）]：// 结束命令

绘制后的图形如图 2-34 所示。

（5）运用圆弧命令 (ARC 命令)绘制两段圆弧，绘制后的图形如图 2-35 所示。

（6）运用图案填充命令 (渐变色填充)填充图形，填充样式如图 2-36 所示，填充后的图形如图 2-16 所示。

（7）保存文件。

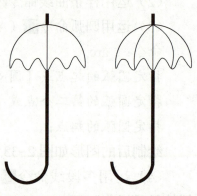

图 2-34 画伞柄　　图 2-35 画圆弧

图 2-36 填充样式

五、绘制练习 10 图形（任务五）

（1）新建文件。

（2）运用椭圆命令 (ELLIPSE 命令)指定长轴和短轴，绘制椭圆。

基本操作十

(3) 运用偏移命令 (OFFSET 命令) 绘制双层椭圆。

绘制后的图形如图 2-37 所示。

(4) 运用阵列命令 (ARRAYPOLAR 命令) 阵列图形，命令行的显示操作如下：

命令：_arraypolar

选择对象：// 选择两个椭圆

当前设置：类型＝极轴　关联＝是

指定阵列的中心点或 [基点（B）/旋转轴（A）]：// 选择椭圆中心为阵列的中心点

选择夹点以编辑阵列或 [关联（AS）/基点（B）/项目（I）/项目间角度（A）/填充角度（F）/行（ROW）/层（L）/旋转项目（ROT）/退出（X）] <退出>：// 项目数为 3

选择夹点以编辑阵列或 [关联（AS）/基点（B）/项目（I）/项目间角度（A）/填充角度（F）/行（ROW）/层（L）/旋转项目（ROT）/退出（X）] <退出>：

绘制后的图形如图 2-38 所示。

(5) 运用分解命令 (EXPLODE 命令) 分解对象。

(6) 运用修剪命令 (TRIM) 修剪图形。选择六个椭圆为剪切边，依次修剪，修剪后的图形如图 2-17 所示。

(7) 保存文件。

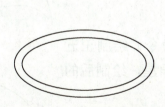
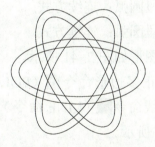

图 2-37　画双层椭圆　　　　　　图 2-38　环形阵列

六、绘制练习 11 图形（任务六）

(1) 新建文件。

(2) 运用正多边形命令 (POLYGON 命令) 绘制正五边形，尺寸自定。

(3) 运用圆弧命令（起点、端点、角度方式）(ARC 命令) 绘制五段圆弧，其中起点和端点为五边形每条边的两端点，角度设为 240°，重复执行五次该命令后绘制的图形如图 2-39 所示。

(4) 运用删除命令 (ERASE 命令) 删除正五边形，并绘制小圆。

基本操作十一

绘制后的图形如图2-40所示。

（5）运用多段线命令（PLINE命令）绘制花枝和花叶，其中花枝用多段线绘制圆弧，起点和端点线宽都设为2，花叶用多段线绘制圆弧，起点线宽设为2，端点线宽设为0，绘制后的图形如图2-18所示。

（6）保存文件。

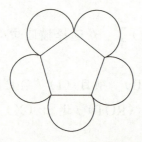

图2-39 借助正五边形画五段圆弧

图2-40 画小圆

七、绘制练习12图形（任务七）

（1）新建文件。

（2）运用圆弧形命令（ARC命令）绘制图形。

上方大段圆弧：三点方式

下方第一段圆弧：三点方式

下方第二段圆弧：连续方式

下方第一段圆弧：连续方式

绘制后的图形如图2-41所示。

基本操作十二

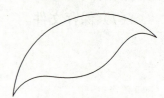

图2-41 画四段圆弧

（3）运用正多边形命令（POLYGON命令）绘制正五边形，运用直线命令（LINE命令）绘制五角星，绘制后的图形如图2-42所示。

（4）运用删除命令（ERASE命令）删除正五边形，运用修剪命令（TRIM）修剪成空心五角星，运用缩放命令（SCALE命令）缩小空心五角形后，用移动工命令（MOVE命令）移动到花瓣里边，并运用圆弧命令（ARC命令）绘制一小段圆弧，绘制后的图形如图2-43所示。

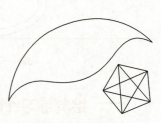

图2-42 画正五角星

（5）运用阵列命令阵列图形（ARRAYPOLAR命令）阵列图形，将一个花瓣阵列成五个，绘制后的图形如图2-19所示。

（6）保存文件。

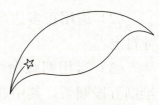

图2-43 移动五角星

相关知识

一、多段线绘制命令

命令调用方式如下：

图标方式：⌐。

键盘输入方式：PLINE 或 PL。

二、圆弧绘制命令（绘制梅花图案）

命令调用方式如下：

图标方式：⌒。

键盘输入方式：ARC。

圆弧的画法有多种，最常用的有以下 3 种方法：

（1）三点法。

（2）起点、端点、半径法。

（3）起点、端点、角度法。

三、多边形绘制命令

命令调用方式如下：

图标方式：⬠。

键盘输入方式：POLYGON。

四、椭圆绘制命令

命令调用方式如下：

图标方式：⬭。

键盘输入方式：ELLIPSE。

五、样条曲线绘制命令

命令调用方式如下：

图标方式：∿。

键盘输入方式：SPLINE。

2．编辑样条曲线

（1）命令调用方式。

键盘输入方式：SPLINEDIT。

（2）功能：增加、删除、移动样条曲线的控制点和拟合数据点，改变控制点的加权因子及样条曲线的容差，还可以打开、闭合样条曲线及调整始末端点的切线方向。

六、图案填充命令

1. 图案填充的命令功能

在指定的区域内，填充剖面图案。

2. 图案填充命令调用方式

图标方式：。

键盘输入方式：HATCH。

3. 图案填充的三种方式

一般方式、最外层方式、忽略方式。

4. 编辑图案填充命令的命令调用方式

键盘输入方式：HATCHEDIT。

5. 控制图案填充的可见性

（1）使用 FILL 命令。

（2）使用系统变量 FILLMODE。

（3）使用图层控制。

七、构建选择集的方式

1. 点选

用光标点取要选择的对象。

2. W 窗口选

图形有任何一部分在窗外都不能被选中。

3. C 窗口选

只要图形有任何一部分在窗内均被选中。

4. 最后图元

选中最后一个绘图命令操作的对象。

5. 前选择集

将上一次选取的对象作为本命令的选择对象。

6. 移去

在选择集中移出对象。

7. 添加

加入选择对象方式。

8. 围栏选

选择与围栏相交的图元。

9. 全部选

所有对象选择方式。

八、删除命令

1. 命令功能

删除图形中的所选对象。

2. 命令调用方式

图标方式：🖉。

键盘输入方式：ERASE。

九、复制对象命令

1. 命令功能

不仅可以在当前图形中复制单个或多个对象，而且可以在图形文件间或图形文件与其他 Windows 应用程序间进行复制。

2. 命令调用方式

图标方式：⚙。

键盘输入方式：COPY。

十、镜像命令

1. 命令功能

可以对选择的对象作镜像处理，生成两个相对镜像线完全对称的对象。

2. 命令调用方式

图标方式：⚐。

键盘输入方式：MIRROR。

十一、修剪命令

1. 命令功能

将所选对象的一部分切断或切除。

2. 命令调用方式

图标方式：⊬。

键盘输入方式：TRIM。

十二、偏移命令

1. 命令功能

可以对指定的直线、二维多段线、圆弧、圆和椭圆等对象作相似复制，即可复制生成平行直线和多段线以及同心的圆弧、圆和椭圆等。

2. 命令调用方式

图标方式：⚍。

键盘输入方式：OFFSET。

十三、阵列命令

1. 命令功能

按矩形或环形方式多重复制对象。

2. 命令调用方式

图标方式：▦。

键盘输入方式：ARRAYPOLAR。

十四、移动命令

1. 命令功能

将一个或多个对象从当前位置按指定方向移动到一个新位置。

2. 命令调用方式

图标方式：✥。

键盘输入方式：MOVE。

十五、旋转命令

1. 命令功能

将编辑对象绕指定的基点，按指定的角度及方向旋转。

2. 命令调用方式

图标方式：↻。

键盘输入方式：ROTATE。

十六、缩放命令

1. 命令功能

将所选对象按比例放大或缩小。

2. 命令调用方式

图标方式：▫。

键盘输入方式：SCALE。

学习效果评价

1．以学生完成任务情况作为评分标准，并以此考查学生的动手能力。

2．要求学生在组内讨论的基础上独立完成工作任务，由教师对每位及每组同学的完成情况进行评价，并给出每位同学的成绩，具体评价内容、评分标准、分值及得分见表2-2。

表2-2 评价内容、评分标准、分值及得分

评价内容	评分标准	分值	得分
任务一	绘图步骤正确，图形完整	50	
任务二	绘图步骤正确，图形完整	50	
任务三	绘图步骤正确，图形完整	50	
任务四	绘图步骤正确，图形完整	50	
任务五	绘图步骤正确，图形完整	50	
任务六	绘图步骤正确，图形完整	50	
任务七	绘图步骤正确，图形完整	50	
相关知识	熟练掌握相关二维图形绘制命令和编辑命令	30	
职业素养	执行国家标准、遵守职业规范、工作态度认真	20	

模块三 图层应用和尺寸标注

学习目标

知识与技能目标：
1. 掌握新建图层的方法。
2. 掌握对象特性的设置方法。
3. 掌握线性尺寸、直径尺寸、半径尺寸、角度尺寸的标注方法。
4. 掌握标注样式的修改方法。

素养目标：
要求学生严格贯彻、执行国家标准，养成在工作中遵守职业规范的习惯；树立踏实认真的职业精神。

工作任务

任务一：绘制圆盘底座图形并标注尺寸如图2-44所示。

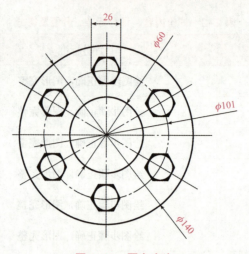

图 2-44 圆盘底座

任务二：对练习 1 到练习 5 的图形进行尺寸标注，如图 2-1～图 2-5 所示。

任务三：运用图层的内容，重新绘制练习 6 和练习 7 的图形，并进行尺寸标注，如图 2-13 和 2-14 所示。

任务分析

完成工作任务所需要的知识点（教师演示时详细讲解）。

（1）新建图层的方法。

（2）对象特性的设置方法。

（3）线性尺寸、直径尺寸、半径尺寸、角度尺寸的标注方法。

（4）标注样式的修改方法。

任务实施

一、绘制圆盘底座图形并标注尺寸（任务一）

（1）新建文件。

（2）打开"图层特性管理器"。

单击"图层特性"按钮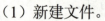，打开"图层特性管理器"对话框，如图 2-45 所示。

绘制圆盘底座并标注尺寸

图 2-45 "图层特性管理器"对话框

（3）新建图层。

新建三个图层，名称为图层 1，图层 2，图层 3。

（4）设置线型、线宽和颜色。

① 将图层 1 设为红色，点画线，细线，用于画圆的中心线。

② 将图层 2 设为蓝色，实线，粗线（线宽 0.3 mm），用于画可见轮廓线。

③ 将图层 1 设为洋红色，实线，细线，用于标注尺寸。

设置后的界面如图 2-46 所示。

图 2-46　新建图层，设置线型、线宽和颜色

（5）绘制 $\phi 60$ 和 $\phi 140$ 的两圆及圆的中心线。

① 将图层 1 置为当前图层，绘制两条中心线。

② 将图层 2 置为当前图层，绘制 $\phi 60$ 和 $\phi 140$ 的两圆。

绘制后的图形如图 2-47 所示。

（6）绘制正六边形及与之内切的小圆。

① 将图层 1 置为当前图层，绘制 $\phi 101$ 的细点划圆。

② 将图层 2 置为当前图层，根据尺寸 26 绘制正六边形。

③ 绘制与正六边形内切的小圆。

④ 将正六边形与小圆环形阵列成六组。

绘制后的图形如图 2-48 所示。

（7）将图层 1 置为当前图层，绘制其余所有中心线。

绘制后的图形如图 2-49 所示。

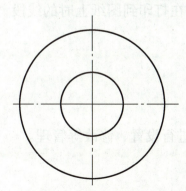 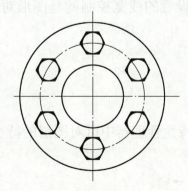 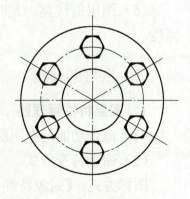

图 2-47　画两个大圆　　图 2-48　画六组小圆及正六边形　　图 2-49　圆盘底座完成图

（8）标注尺寸。

① 将图层 3 置为当前图层，单击按钮 ◯（DIMDIAMETER 命令）标注圆的直径，依次选择小圆和大圆，标注 $\phi60$，$\phi101$ 和 $\phi140$ 三个直径尺寸。

② 单击按钮 ■（DIMLINEAR 命令）标注线性尺寸 26，完成尺寸标注，标注完成后的图形如图 2-44 所示。

（9）保存文件。

二、对练习 1 到练习 5 图形进行尺寸标注（任务二）

（略）。

三、运用图层的内容，重新绘制练习 6 和练习 7 图形并进行尺寸标注（任务三）

（略）。

相关知识

一、图层的概念

1. 图层的作用

可以利用图层的特性来区分不同的对象，对图形对象进行分类，便于图形的修改和使用。

2. 图层的性质

（1）图层的名称：每个图层都有自己的名称，用以区分不同图层。

（2）图层的状态：图层有打开、冻结、锁定三种状态，可以通过对它们进行设置来控制该图层上的图形对象的可见性及可编辑性。

（3）图层中的对象颜色：可以将不同图层设置成不同颜色。

（4）图层的线型：将不同图层设置成不同线型可以表示图形中不同性质的对象。

（5）图层的线宽：此时设置的线宽控制的是图形对象在打印到图纸上时的线段宽度。

二、图层的设置

1. 图层特性管理器

（1）命令功能：在图层特性管理器中可对图层的特性进行设置、修改等管理。

（2）命令打开方式。

图标方式：【对象特性】→ ▨ 。

键盘输入方式：LAYER。

2. 新建图层

在"图层特性管理器"中点击"新建"按钮。

3. 删除图层

在绘图期间随时都可以删除无用的多余图层。但不能删除当前图层、0层、依赖外部参照的图层、包含有对象的图层以及名为 DEFPOINTS 的定义点图层。

4. 设置当前图层

绘图操作总是在当前图层上进行的，要在某图层上创建对象，必须将该图层设置为当前图层。

5. 打开 / 关闭图层

通过打开 / 关闭图层可以控制图层的可见性。若将某图层关闭，则该图层上的对象在绘图区域不被显示出来，也不能打印。当前图层也可以关闭。

6. 冻结 / 解冻图层

7. 锁定 / 解锁图层

三、图线的设置

1. 线型管理器

（1）命令功能：在"线型管理器"中可以对线型进行设置、修改等管理。

（2）命令打开方式。

键盘输入方式：LINETYPE。

（3）加载线型：可以加载虚线、点画线等线型。

（4）删除线型：能删除随层、随块、连续线型及依赖外部参照的线型。

2. 线型设置

在"选择线型"窗口中选择需要的线型，然后选择"确定"，"选择线型"窗口中没有需要的线型，可以选择"加载"进入"加载或重载线型"窗口。

3. 设置当前线型

用户可选择其中一种线型，然后选择"当前"按钮，即可设置该线型为当前绘图线型。

4. 设置线型比例

"线型管理器"中有"全局比例因子"和"当前对象缩放比例"两种线型比例设置。

5. 线宽的设置

（1）指定图层的线宽：打开"图层特性管理器"窗口，在"线宽"窗口中选择需要的线宽，然后选择"确定"。

（2）设置当前线宽："对象特性"工具栏上的"线宽"控件中设置当前的线宽。

6. 颜色的设置

打开"图层特性管理器"窗口，在"颜色"窗口中选择需要的颜色，然后选择

"确定"。

四、尺寸标注的基本要素

1. 尺寸线
尺寸线用于指示标注的方向，用细实线绘制。

2. 尺寸界线
尺寸界线用于表示尺寸度量的范围。

3. 尺寸箭头
尺寸箭头用于表示尺寸度量的起止。

4. 尺寸文本
尺寸文本用于表示尺寸度量的值。

5. 几何公差
几何公差由几何公差符号、公差值、基准等组成，一般与引线同时使用。

6. 引线标注
引线标注是指从被标注的实体引出直线，在其末端可添加注释文字或几何公差。

五、尺寸标注样式

1. 命令调用方式
图标方式：【标注】→ 。

键盘输入方式：DIMSTYLE。

2. 管理标注样式：窗口内容

3. 创建新的标注样式

（1）直线和箭头设置：可对尺寸线、尺寸界线、尺寸箭头和圆心标记等进行设置。

（2）文字设置：设置尺寸文本的显示形式和文字的对齐方式。

（3）调整设置：可设置尺寸文本、尺寸箭头、指引线和尺寸线的相对排列位置。

（4）主单位设置：可设置基本标注单位格式、精度以及标注文本的前缀或后缀等。

（5）换算单位设置：可设置替代测量单位的格式和精度以及前缀或后缀。

（6）公差设置：可设置尺寸公差的标注格式及有关特征参数。

六、尺寸标注的方法

1. 线性标注
（1）命令功能：用于标注水平尺寸、垂直尺寸和旋转尺寸。

（2）命令调用方式。

图标方式：【标注】→ ↦。

键盘输入方式：DIMLINEAR。

2. 对齐标注

（1）命令功能：用来标注斜面或斜线的尺寸。

（2）命令调用方式。

图标方式：【标注】→ ↘。

键盘输入方式：DIMALIGNED。

3. 基线标注

（1）命令功能：用来标注自同一基准处测量的多个尺寸。

（2）命令调用方式。

图标方式：【标注】→ ⊟。

键盘输入方式：DIMBASELINE。

4. 连续标注

（1）命令功能：用来标注图中出现在同一直线上的若干尺寸。

（2）命令调用方式。

图标方式：【标注】→ ⊞。

键盘输入方式：DIMCONTINUE。

5. 直径尺寸标注

命令调用方式如下：

图标方式：【标注】→ ⊘。

键盘输入方式：DIMDIAMETER。

6. 半径尺寸标注

命令调用方式如下：

图标方式：【标注】→ ◯。

键盘输入方式：DIMRADIUS。

7. 角度尺寸标注

（1）命令功能：用来标注角度尺寸。在角度标注中也允许采用基线标注和连续标注。

（2）命令调用方式。

图标方式：【标注】→ ∠。

键盘输入方式：DIMANGULAR。

8. 引线标注

（1）命令功能：用来进行引出标注。

（2）命令调用方式。

图标方式：【标注】→ ⤴。

键盘输入方式：QLEADER。

学习效果评价

1．以学生完成任务情况作为评分标准，并以此考查学生的动手能力。

2．要求学生在组内讨论的基础上独立完成工作任务，由教师对每位及每组同学的完成情况进行评价，并给出每位同学的成绩，具体评价内容、评分标准、分值及得分见表 2-3。

表 2-3 评价内容、评分标准、分值及得分

评价内容	评分标准	分值	得分
任务一	绘图步骤正确，图形完整	20	
	熟练掌握图层知识	30	
	能正确标注尺寸	30	
任务二	能正确标注尺寸	80	
任务三	熟练掌握图层知识	40	
	能正确标注尺寸	40	
职业素养	执行国家标准、遵守职业规范、工作态度认真	20	

模块四　运用 AutoCAD 绘制一般平面图形

学习目标

知识与技能目标：

1．能综合运用二维图形绘制和编辑命令，根据已知条件，快速、准确地绘制出一般零件的平面图形。

2．能对一般零件的平面图形进行尺寸标注。

素养目标：

培养学生的科学思维能力、团队协作精神、创新意识和创新精神；树立兢兢业业、精益求精的工匠意识。

工作任务

任务一：绘制图 2-50 所示手柄图形并标注尺寸。

任务二：绘制图 2-51 所示扳手图形并标注尺寸。

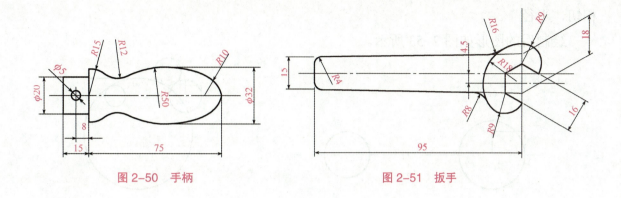

图 2-50 手柄　　　　　　　　　　图 2-51 扳手

任务分析

完成工作任务所需要的知识点（教师演示时详细讲解）。
（1）二维图形绘制和编辑命令。
（2）快速、准确地绘制出一般零件的平面图形的技巧。
（3）对一般零件的平面图形进行尺寸标注的方法。

任务实施

一、绘制手柄图形并标注尺寸（任务一）

（1）新建文件。
（2）新建图层。

绘制手柄并标注尺寸

单击"图层特性"按钮，打开"图层特性管理器"对话框，新建三个图层，名称分别为图层1、图层2、图层3。
（3）设置线型、线宽和颜色。
①将图层1设为红色，点画线，细线，用于画圆的中心线。
②将图层2设为蓝色，实线，粗线（线宽 0.3 mm），用于画可见轮廓线。
③将图层3设为洋红色，实线，细线，用于标注尺寸。
设置后的界面如图 2-46 所示。
（4）绘制手柄的中心线。
将图层1置为当前图层，运用直线命令绘制一条中心线。
（5）绘制手柄的左半部分和 R15、R10 的圆，注意 R15 的圆的圆心和 R10 的圆的圆心之间的距离为 65。
绘制后的图形如图 2-52 所示。
（6）绘制 R50 和 R12 的圆。
先根据 φ32 画辅助线，再画 R50 和 R12 的圆，注意绘制两圆的方式都是"相切、相切、半径"。

绘制后的图形如图 2-53 所示。

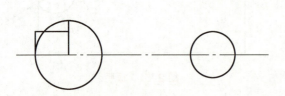

图 2-52 画已知线段

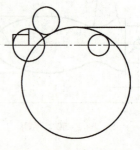

图 2-53 画中间线段和连接线段

（7）删除辅助线，修剪图形。

修剪后的图形如图 2-54 所示。

（8）运用镜像命令（MIRROR 命令），完成手柄的对称部分。

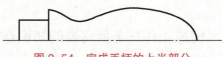

图 2-54 完成手柄的上半部分

绘制后的图形如图 2-55 所示。

（9）绘制 $\phi 5$ 小圆，并切换图层 1 为当前图层，绘制圆孔的另一条中心线。

绘制后的图形如图 2-56 所示。

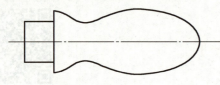

图 2-55 镜像

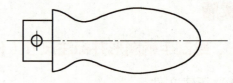

图 2-56 手柄完成图

（10）标注尺寸。

① 切换图层 3 为当前图层，标注线性尺寸 20，8，15，75，32。

② 标注半径尺寸 $R15$，$R12$，$R50$，$R10$。

③ 标注直径尺寸 $\phi 5$。

④ 修改对象特性，将"20"改为"$\phi 20$"，"32"改为"$\phi 32$"。

具体操作：双击尺寸"20"和"32"，分别在"20"和"32"前输入控制符"％％c"，完成符号"ϕ"的输入，命令为 TEXTEDIT。

标注后图形如图 2-50 所示。

（11）保存文件。

二、绘制扳手图形并标注尺寸（任务二）

（1）新建文件。

（2）绘制中心线和扳手的左半部分。

将图层 1 设为当前图层，绘制中心

新建图层

绘制扳手

标注扳手尺寸

线；切换图层 2 为当前图层，根据尺寸 15，95 和 18 绘制扳手的左半部分。

绘制后的图形如图 2-57 所示。

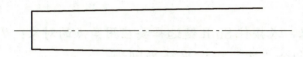

图 2-57　绘制扳手的左半部分

（3）切换图层 2 为当前图层，绘制正六边形的中心线，注意线性尺寸为 4.5。绘制后的图形如图 2-58 所示。

（4）切换图层 2 为当前图层，绘制正六边形，并修剪掉两条边。

绘制后的图形如图 2-59 所示。

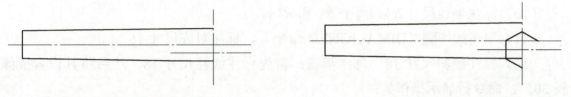

图 2-58　绘制钳口的中心线　　　　　图 2-59　绘制钳口部分的六边形

（5）绘制两个 $R9$ 和一个 $R18$ 的圆。

（6）修剪扳手的钳口部分，并将钳口内的粗实线设置成细实线。

① 单击打断按钮 （BREAK 命令）打断对象，命令行的显示操作：

命令：_break

选择对象：// 选择扳手上半部分直线

指定第一个打断点：// 捕捉扳手上半部分直线与 $R18$ 圆弧的交点，单击鼠标左键

② 夹点编辑的方法：选择上述打断后直线的右端部分，单击图层下拉小三角，选择图层 3，完成夹点编辑。

重复上述操作一次，修改后的图形如图 2-60 所示。

（7）单击按钮 （FILLET 命令）倒左端和右端四个圆角，命令行的显示操作如下：

命令：_fillet

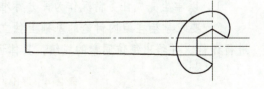

图 2-60　修剪

当前设置：模式＝修剪，半径＝ 0.000 0

选择第一个对象或［放弃（U）/多段线（P）/半径（R）/修剪（T）/多个（M）］：t// 输入 t 回车

输入修剪模式选项［修剪（T）/不修剪（N）］＜修剪＞：n// 输入 n 回车，模式为不修剪

选择第一个对象或［放弃（U）/多段线（P）/半径（R）/修剪（T）/多个（M）］：r// 输入 r 回车

指定圆角半径 <0.0000>：4// 指定半径 4

选择第一个对象或 [放弃（U）/ 多段线（P）/ 半径（R）/ 修剪（T）/ 多个（M）]：// 选择扳手左端竖线

选择第二个对象，或按住 Shift 键选择要应用角点的对象：// 选择扳手上部直线

重复执行上述命令三次，指定半径为别为 4，16，8，倒圆角后的图形如图 2-61 所示。

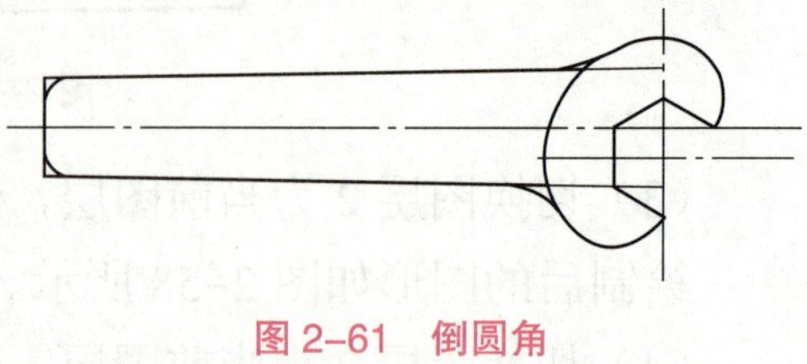

图 2-61 倒圆角

（8）切换图层 3 为当前图层，标注线性尺寸 15，并修剪掉四个倒角边。

（9）标注半径尺寸 R16 和 R8，并修剪掉两段圆弧内的两段粗实线，并将右端两段细实线向左延伸至圆弧左端点。

（10）标注半径尺寸 R4、两个 R9 和 R18。

（11）单击按钮■（DIMALIGNED 命令），标注对齐尺寸 16。

（12）标注倾斜尺寸 18，具体步骤：首先标注线性尺寸 18，然后将其设置成倾斜 30°，命令行显示操作为：

命令：_dimedit

输入标注编辑类型 [默认（H）/ 新建（N）/ 旋转（R）/ 倾斜（O）] <默认>：_o// 输入 o 回车

选择对象：// 选择尺寸 18 回车

输入倾斜角度（按 ENTER 表示无）：30// 输入 30 回车

（13）标注线性尺寸 4.5 和 95，标注后的图形如图 2-51 所示。

（14）保存文件。

学习效果评价

1．以学生完成任务情况作为评分标准，并以此考查学生的动手能力。

2．要求学生在组内讨论的基础上独立完成工作任务，由教师对每位及每组同学的完成情况进行评价，并给出每位同学的成绩，具体评价内容、评分标准、分值及得分见表 2-4。

表 2-4 评价内容、评分标准、分值及得分

评价内容	评分标准	分值	得分
任务一	绘图步骤正确，图形完整	30	
	熟练掌握图层知识	30	
	能正确标注尺寸	20	
任务二	绘图步骤正确，图形完整	30	
	熟练掌握图层知识	30	
	能正确标注尺寸	20	
职业素养	执行国家标准、遵守职业规范、工作态度认真	20	

第三单元　运用三视图表达几何图形

模块一　绘制棱柱、棱锥三视图
模块二　绘制圆柱、圆锥、球三视图
模块三　绘制组合体三视图
模块四　绘制轴测图
模块五　运用 AutoCAD 绘制三视图

第三单元　运用三视图　表达几何图形

模块一　绘制棱柱、棱锥三视图

学习目标

知识与技能目标：

1. 理解并掌握三视图的投影规律。
2. 能根据棱柱、棱锥的空间位置绘制其三视图。
3. 学会对三视图进行尺寸标注。

素养目标：

引导学生不断增强独立处理事务、战胜困难和挫折的能力；要求学生严格贯彻、执行国家标准，养成在工作中遵守职业规范的习惯；培养学生严谨的工作作风。

工作任务

任务一：绘制图3-1（a）所示六棱柱的三视图，并标注尺寸，如图3-1（b）所示。

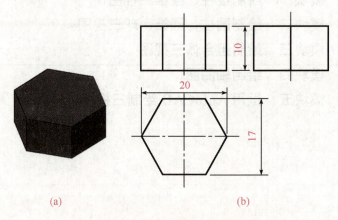

(a)　　　　　　　　　　　　(b)

图3-1　绘制六棱柱三视图

（a）六棱柱立体图；（b）六棱柱三视图

任务二：绘制图3-2（a）所示四棱锥的三视图，并标注尺寸，如图3-2（b）所示。

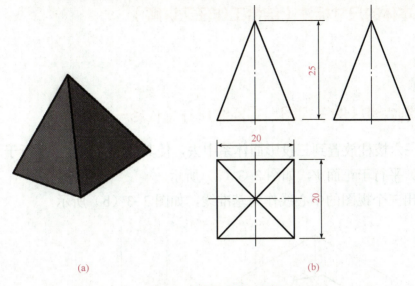

图 3-2 绘制四棱锥三视图
（a）四棱锥立体图；（b）四棱锥三视图

任务分析

完成工作任务所需要的知识点（教师讲解，详见相关知识部分）。

一、投影法及分类

1. 投影法

投影法的定义介绍。

2. 投影法分类

（1）中心投影法。

（2）平行投影法。

根据投影线与投影面是否垂直，平行投影法又可以分为两种：

① 斜投影法——投影线与投影面相倾斜的平行投影法。

② 正投影法——投影线与投影面相垂直的平行投影法。

二、三视图的形成

工程上常用的是三视图。

三、三视图的投影规律

主、俯视图"长对正"（即等长）；

主、左视图"高平齐"（即等高）；

俯、左视图"宽相等"（即等宽）。

四、基本体的尺寸标注（结合工作任务讲解）

任务实施

一、绘制六棱柱的三视图，并标注尺寸（任务一）

（1）将一六棱柱放置到三投影面体系中去，使其底面（顶面）平行于水平面 H，前面（后面）平行于正面 V，如图 3-3（a）所示。

（2）画出三个视图的中心线作为基准线，如图 3-3（b）所示。

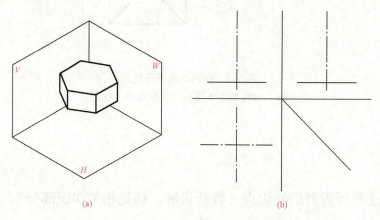

图 3-3　绘制基准线

（a）三投影面体系中的六棱柱；（b）画出基准线

（3）如图 3-4（a）所示，将六棱柱向 H 面投影得到六棱柱的俯视图，是一个正六边形。

提示：此投影为特征投影，正六边形的面为六棱柱的上下底面的投影，六边形的六条边为六棱柱的六个侧面的投影，如图 3-4（b）所示。

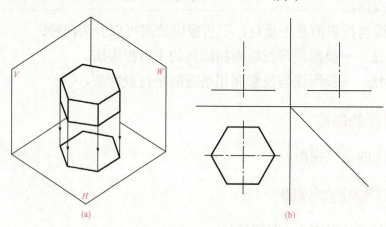

图 3-4　绘制俯视图

（a）六棱柱向 H 面投影；（b）六棱柱的俯视图

（4）如图 3-5（a）所示，将六棱柱向 V 面投影得到六棱柱的主视图，由三个矩形线框组成。

提示：三个矩形为棱柱的前三个侧面，后三个侧面与前三个侧面重合，画图时必须使矩形线框与俯视图的对应点对正，如图 3-5（b）所示。

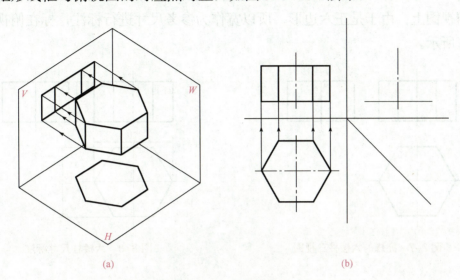

图 3-5　绘制主视图
（a）六棱柱向 V 面投影；（b）六棱柱的主视图

（5）如图 3-6（a）所示，将六棱柱向 W 面投影得到六棱柱的左视图，由两个矩形线框组成。

提示：这两个矩形是六棱柱的两个侧面的投影，且遮住了右边两个侧面，画图时必须使左视图线框与主视图的线框高平齐，与俯视图的线框宽相等，如图 3-6（b）所示。

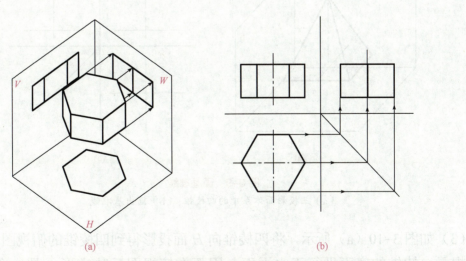

图 3-6　绘制左视图
（a）六棱柱向 W 面投影；（b）六棱柱的左视图

(6) 擦除辅助线，检查并完成六棱柱三视图，如图 3-7 所示。

(7) 对绘制的三视图标注尺寸。

提示：对物体的长、宽、高分别进行标注，主、左视图同时反映了物体的高，根据规定同一尺寸只标一次，所以标在了主视图上；主、俯视图同时反映了物体的长，标在了俯视图上；由于是正六边形，所以宽作为参考尺寸进行标注，标在俯视图上，如图 3-8 所示。

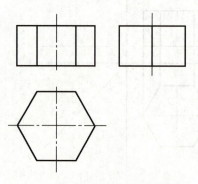

图 3-7 完成的六棱柱三视图

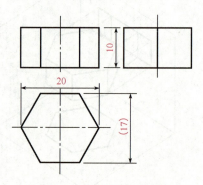

图 3-8 六棱柱尺寸标注

二、绘制四棱锥的三视图，并标注尺寸（任务二）

（1）将一正四棱锥放到三投影面体系中去，使其底面平行于水平面 H，前面（后面）垂直于侧面 W，如图 3-9（a）所示。

（2）画出三个视图的中心线作为基准线，如图 3-9（b）所示。

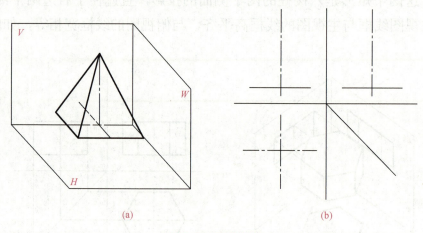

图 3-9 画基准线

（a）三投影面体系中的四棱锥；（b）画出基准线

（3）如图 3-10（a）所示，将四棱锥向 H 面投影得到四棱锥的俯视图。

提示：棱锥的底面平行于水平面，因而在俯视图反映实形，是一个正方形。四个侧面都与水平面相倾斜，它们的俯视图为四个不显实形的三角形线框，如图 3-10（b）所示。

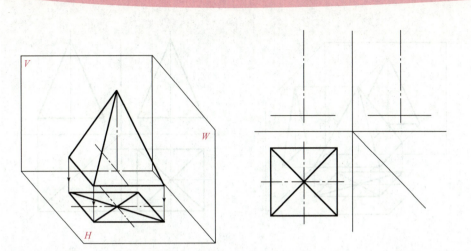

图 3-10 绘制俯视图
（a）四棱锥向 H 面投影；（b）四棱锥的主视图

（4）如图 3-11（a）所示，将四棱锥向 V 面投影得到四棱锥的主视图。

提示：此视图为一个三角形线框。各边分别是底面与左、右侧面的积聚性的投影。整个三角形线框同时也反映了四棱锥前侧面和后侧面在正面上的投影，并不反映它们的实形，如图 3-11（b）所示。

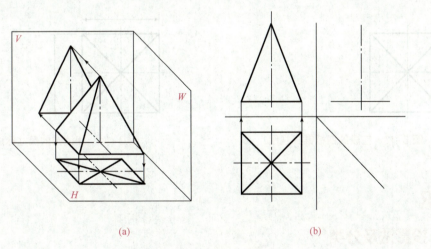

图 3-11 绘制主视图
（a）四棱锥向 V 面投影；（b）四棱锥的主视图

（5）如图 3-12（a）所示。将四棱锥向 W 面投影得到四棱锥的左视图。

提示：此三角形的两条斜边所表示的是四棱锥的前、后两侧面，如图 3-12（b）所示。

（6）擦除辅助线，检查并完成四棱锥三视图，如图 3-13 所示。

（7）对绘制的三视图标注尺寸，如图 3-14 所示。

第三单元 运用三视图 表达几何图形

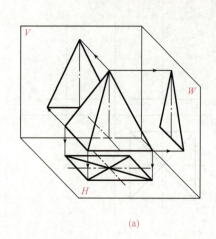
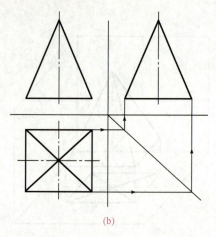

图 3-12 绘制左视图
（a）四棱锥向 W 面投影；（b）四棱锥的左视图

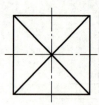
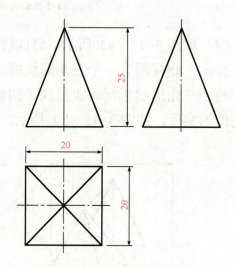

图 3-13 完成的四棱锥三视图　　　　图 3-14 四棱锥的尺寸标注

相关知识

一、投影法及分类

1. 投影法

在日常生活中，当太阳光或灯光照射物体时，在地面或墙壁上会出现物体的影子，这就是一种投影现象。我们把光线称为投射线（或投影线），地面或墙壁称为投影面，影子称为物体在投影面上的投影。

设空间有一定点 S 和任一点 A，以及不通过点 S 和点 A 的平面 P，如图 3-15 所示，从点 S 经过点 A 作直线 SA，直线 SA 必然与平面 P 相交于一点 a，则称点 a 为空间任一点 A 在平面 P 上的投影，称定点 S 为投影中心，称平面 P 为投影面，称直线 SA 为投影线。

2. 投影法分类

投影法通常分为中心投影法和平行投影法两类。

（1）中心投影法：投影时投影线汇交于投影中心的投影法。

如图3-16所示，作△ABC在投影面P上的投影。先自点S过点A、B、C分别作直线SA、SB、SC与投影面P的交点a、b、c，再过点a、b、c作直线，连成△abc，△abc即为空间的△ABC在投影面P上的投影。

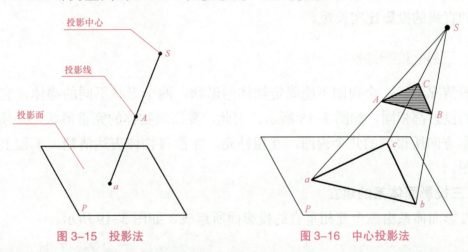

图3-15 投影法　　　　　图3-16 中心投影法

缺点：中心投影不能真实地反映物体的形状和大小，不适用于绘制机械图样。

优点：中心投影有立体感，工程上常用这种方法绘制建筑物的透视图。

（2）平行投影法：投影时投影线都相互平行的投影法。

根据投影线与投影面是否垂直，平行投影法又可以分为两种：

① 斜投影法——投影线与投影面相倾斜的平行投影法，如图3-17（a）所示。斜二轴测图就是采用斜投影法绘制的。

② 正投影法——投影线与投影面相垂直的平行投影法，如图3-17（b）所示。

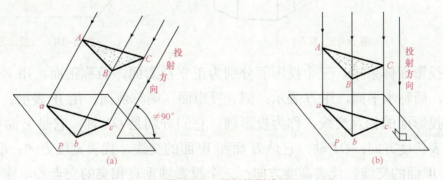

图3-17 平行投影法

（a）斜投影法；（b）正投影法

优点：平行投影能够表达物体的真实形状和大小，作图方法也较简单，所以广泛用于绘制机械图样。

3. 正投影法基本性质

（1）实形性：物体上平行于投影面的平面，其投影反映实形；平行于投影面的直线的投影反映实长。

（2）积聚性：物体上垂直于投影面的平面，其投影积聚成一条直线；垂直于投影面的直线的投影积聚成一点。

（3）类似性：物体上倾斜于投影面的平面，其投影是原图形的类似形；倾斜于投影面的直线的投影比实长短。

二、三视图的形成

一般情况下，一个视图不能确定物体的形状。两个形状不同的物体，它们在投影面上的投影都相同，如图 3-18 所示。因此，要反映物体的完整形状，必须增加由不同投影方向所得到的几个视图，互相补充，才能将物体表达清楚。工程上常用的是三视图。

1. 三投影面体系的建立

三投影面体系由三个互相垂直的投影面所组成，如图 3-19 所示。

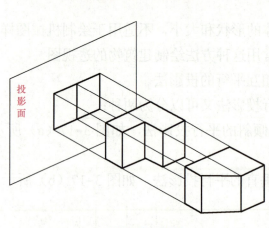

图 3-18 视图

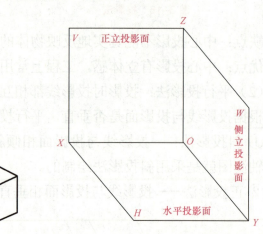

图 3-19 三投影面体系

在三投影面体系中，三个投影面分别为正立投影面，简称正面，用 V 表示；水平投影面，简称水平面，用 H 表示；侧立投影面，简称侧面，用 W 表示。

三个投影面的相互交线，称为投影轴。它们分别是 OX 轴：它是 V 面和 H 面的交线，代表长度方向；OY 轴：它是 H 面和 W 面的交线，代表宽度方向；OZ 轴：它是 V 面和 W 面的交线，代表高度方向；三个投影轴垂直相交的交点 O，称为原点。

2. 三视图的形成

将物体放在三投影面体系中，物体的位置处在人与投影面之间，然后将物体对各个投影面进行投影，得到三个视图，这样才能把物体的长、宽、高三个方向，上下、左右、前后六个方位的形状表达出来，三个视图分别如下：

（1）主视图：从前往后进行投影，在正立投影面（V 面）上所得到的视图。

(2)俯视图：从上往下进行投影，在水平投影面（H 面）上所得到的视图。

(3)左视图：从左往右进行投影，在侧立投影面（W 面）上所得到的视图。

三视图的形成如图 3-20 所示。

在实际作图中，为了画图方便，需要将三个投影面在一个平面（纸面）上表示出来，规定：使 V 面不动，H 面绕 OX 轴向下旋转 90°与 V 面重合，W 面绕 OZ 轴向右旋转 90°与 V 面重合，这样就得到了在同一平面上的三视图，如图 3-21（a）所示。可以看出，俯视图在主视图的下方，左视图在主视图的右方，如图 3-21（b）所示。在这里应特别注意：同一条 OY 轴旋转后出现了两个位置，因为 OY 是 H 面和 W 面的交线，也就是两投影面的共有线，所以 OY 轴随着 H 面旋转到 OY_H 的位置，同时又随着 W 面旋转到 OY_W 的位置。为了作图简便，投影图中不必画出投影面的边框，投影轴也可以进一步省略，如图 3-21（c）所示。

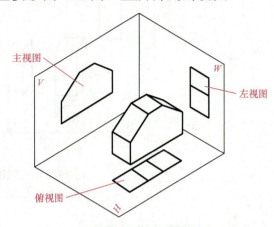

图 3-20　三视图的形成

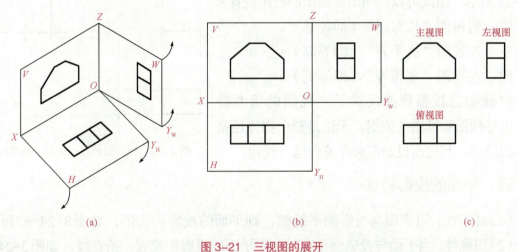

(a)　　　　　　　　　　　　　　(b)　　　　　　　　　　　　(c)

图 3-21　三视图的展开

(a) H 面、W 面旋转；(b) 俯视图、主视图、左视图在同一平面；(c) 省略边框、投影轴

三、三视图的投影规律

1. 三视图与物体方位的对应关系

物体有长、宽、高三个方向的尺寸，有上下、左右、前后六个方位关系，如图 3-22（a）所示。六个方位在三视图中的对应关系如图 3-22（b）所示。

主视图反映了物体的上下、左右四个方位关系；

俯视图反映了物体的前后、左右四个方位关系；

左视图反映了物体的上下、前后四个方位关系。

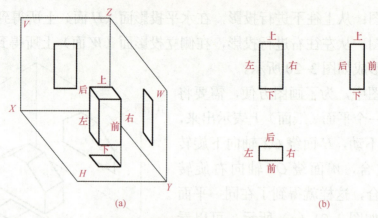

图 3-22 三视图与物体方位的对应关系

(a) 六个方位关系；(b) 在三视图中的对应关系

2. 三视图的投影规律

一个视图只能反映两个方向的尺寸，主视图反映了物体的长度和高度，俯视图反映了物体的长度和宽度，左视图反映了物体的宽度和高度，如图 3-23 所示。由此可以归纳出三视图的投影规律：

主、俯视图"长对正"（即等长）；

主、左视图"高平齐"（即等高）；

俯、左视图"宽相等"（即等宽）。

三视图的投影规律反映了三视图的重要特性，也是画图和读图的依据。无论是整个物体还是物体的局部，其三面投影都必须符合这一规律。

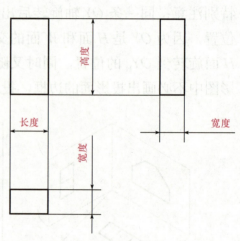

图 3-23 物体的长度、宽度、高度尺寸

四、平面的投影特性

（1）真实性：当平面与投影面平行时，则平面的投影为实形，如图 3-24（a）所示。

（2）积聚性：当平面与投影面垂直时，则平面的投影积聚成一条直线，如图 3-24（b）所示。

（3）类似性：当直线或平面与投影面倾斜时，则平面的投影是小于平面实形的类似形，如图 3-24（c）所示。

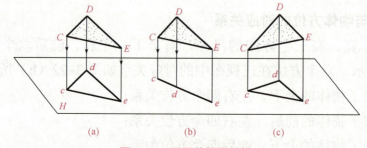

图 3-24 平面的投影特性

（a）平面与投影面平行；（b）平面与投影面垂直；（c）平面与投影面倾斜

五、基本体的尺寸标注

视图用来表达物体的形状，物体的大小则要由视图上标注的尺寸数字来确定。

基本体的大小通常由长、宽、高三个方向的尺寸来确定。常见基本体及其尺寸的标注方法见表 3-1。

表 3-1 常见基本体及其尺寸的标注方法

基本体	尺寸标注方法	基本体	尺寸标注方法
三棱柱	左视图可省略	圆柱	俯视图、左视图均可省略
正六棱柱	左视图可省略	圆锥	俯视图、左视图均可省略
四棱锥	左视图可省略	圆台	俯视图、左视图均可省略
四棱台	左视图可省略	球	俯视图、左视图均可省略

第三单元 运用三视图 表达几何图形

学习效果评价

1．以学生完成任务情况作为评分标准，并以此考查学生的理论知识和动手能力。

2．要求学生独立或分组完成工作任务，由教师对每位及每组同学的完成情况进行评价，并给出每位同学的成绩，具体评价内容、评分标准、分值及得分见表3-2。

表3-2 评价内容、评分标准、分值及得分

评价内容	评分标准	分值	得分
任务一	作图方法正确	30	
	相关知识运用	30	
	空间思维的形成和分析能力	20	
任务二	作图方法正确	30	
	相关知识运用	30	
	空间思维的形成和分析能力	20	
职业素养	执行国家标准、遵守职业规范、工作态度认真	20	

模块二 绘制圆柱、圆锥、球三视图

学习目标

知识与技能目标：

1．学会绘制圆柱、圆锥、球的三视图。

2．学会曲面体的尺寸标注方法。

3．掌握曲面体表面求点的投影方法。

素养目标：

引导学生不断增强独立处理事务、战胜困难和挫折的能力；培养学生的举一反三、触类旁通的能力和创新意识；树立踏实认真的职业精神。

工作任务

任务一：绘制圆柱体的三视图；根据圆柱面上点的一面投影，求另外两面投影；

标注圆柱体尺寸。

任务二：绘制圆锥体的三视图；根据圆锥面上点的一面投影，求另外两面投影；标注圆锥体尺寸。

任务三：绘制球的三视图；根据球面上点的一面投影，求另外两面投影；标注球体尺寸。

任务分析

完成工作任务所需要的知识点（教师讲解，详见相关知识部分）。

一、点的投影

（1）点的投影特性。
（2）点的投影标记。
（3）点的投影规律。

二、基本体表面上求点的方法（结合工作任务详细讲解）

1. 利用积聚性来求解

从点的已知投影出发，按投影关系先在该面的积聚性投影上找出点的投影，然后再按三等规律找出点的第三投形，如圆柱表面的求点。

2. 利用辅助线法求解

先在几何体表面上作一条通过该点的辅助线，分别作出该线的各面投影，再作出点的投影，如圆锥表面求点。

3. 利用辅助圆法求解

先在几何体表面上作一个通过该点的辅助圆，分别作出该圆的各面投影，再作出点的投影，如圆锥表面求点和球体表面求点。

任务实施

一、绘制圆柱体的三视图；根据圆柱面上点的两面投影，求第三面投影；标注圆柱体尺寸（任务一）

1. 空间分析

圆柱面可看作是由一条直母线绕与其平行的轴线回转而成。圆柱面上任意一条平行于轴线的直线，称为圆柱面的素线。圆柱体的空间分析如图 3-25 所示。

2. 绘制三视图

（1）画基准线，如图 3-26 所示。

（2）根据直径画俯视图（圆形）；根据高度和"主俯视图长对正"画主视图（矩形）；根据"主左视图高平齐"和"俯左视图宽相等"画左视图（矩形）。圆柱体三视图如图3-27所示。

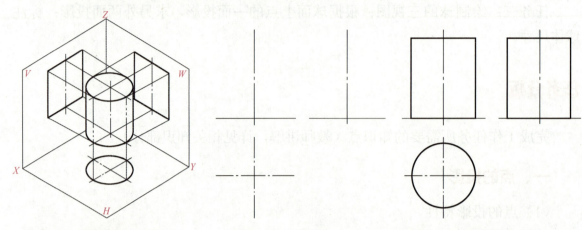

图3-25 圆柱体的空间分析　　图3-26 画基准线　　图3-27 圆柱体三视图

3. 根据圆柱面上的点A的正面投影，求其余两面投影［图3-28（a）］

（1）利用"积聚性"求a。

（2）利用"高平齐"和"宽相等"求a″，如图3-28（b）所示。

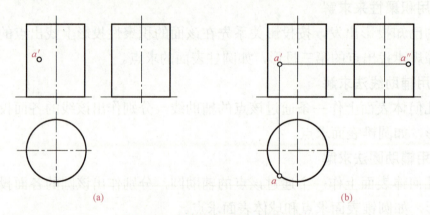

图3-28 求圆柱体表面上点的投影
（a）点A的正面投影；（b）利用"高平齐""宽相等"求a″

4. 标注尺寸

圆柱体需标注直径尺寸和高度尺寸。

二、绘制圆锥体的三视图；根据圆锥面上点的一面投影，求另外两面投影；标注圆锥体尺寸（任务二）

1. 空间分析

圆锥体的空间分析如图3-29所示。

2. 绘制三视图

（1）画基准线，如图 3-30 所示。

（2）根据直径画俯视图（圆形）；根据高度和"主俯视图长对正"画主视图（三角形）；根据"主左视图高平齐"和"俯左视图宽相等"画左视图（三角形），圆锥体三视图如图 3-31 所示。

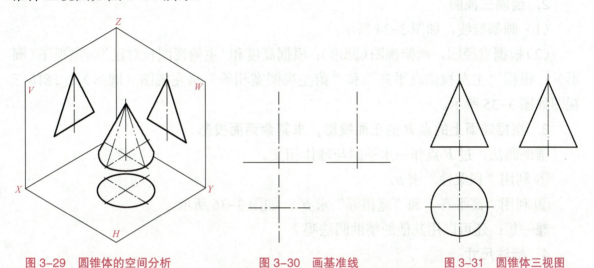

图 3-29 圆锥体的空间分析　　　图 3-30 画基准线　　　图 3-31 圆锥体三视图

3. 根据圆锥面上的点 K 的正面投影，求其余两面投影 [图 3-32（a）]

辅助线法：过锥顶作一条素线 SA，如图 3-32（b）所示。

（1）利用"积聚性"求 k。

（2）利用"高平齐"和"宽相等"求 k″，如图 3-32（c）所示。

想一想：可以用辅助圆法吗？

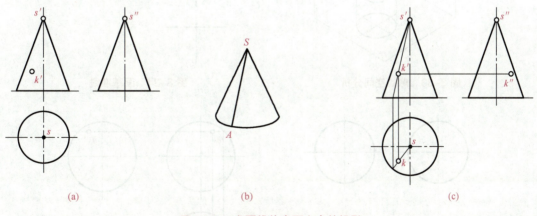

(a)　　　(b)　　　(c)

图 3-32 求圆锥体表面上点的投影

（a）点 K 的正面投影；（b）作素线 SA；（c）求 k″

4. 标注尺寸

圆锥体需标注直径尺寸和高度尺寸。

三、绘制球的三视图；根据球面上点的一面投影，求另外两面投影；标注球体尺寸（任务三）

1. 空间分析
球的空间分析如图 3-33 所示。

2. 绘制三视图
（1）画基准线，如图 3-34 所示。

（2）根据直径圆，画俯视图（圆形）；根据高度和"主俯视图长对正"画主视图（圆形）；根据"主左视图高平齐"和"俯左视图宽相等"画左视图（圆形）。球体三视图如图 3-35 所示。

3. 根据球面上的点 B 的正面投影，求其余两面投影
辅助圆法：过 B 点作一水平圆与球体相交。

① 利用"积聚性"求 b。

② 利用"高平齐"和"宽相等"求 b''，如图 3-36 所示。

想一想：还可以用其他的辅助圆法吗？

4. 标注尺寸
球体需标注直径尺寸。

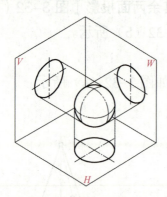

图 3-33 球的空间分析

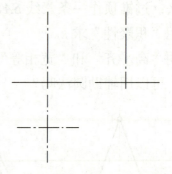

图 3-34 画基准线

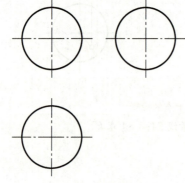

图 3-35 球体三视图

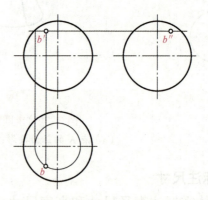

图 3-36 求球体表面上点的投影

相关知识

一、点的投影

1. 点的投影特性

点的投影永远是点。

2. 点的投影标记

空间点用 A、B、C、D……标记；空间点在 H 面上的投影用 a、b、c、d……标记；空间点在 V 面上的投影用 a'、b'、c'、d'……标记；空间点在 W 面上的投影用 a''、b''、c''、d''……标记，如图 3-37 所示。

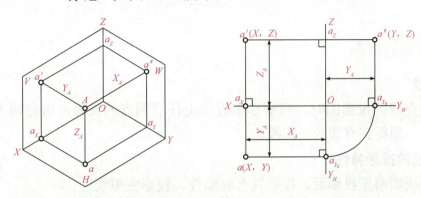

图 3-37 点的投影

空间点的位置可由该点的坐标 (X, Y, Z) 确定，A 点三投影的坐标分别为 a(X, Y)、a'(X, Z)、a''(Y, Z)。任一投影都包含了两个坐标，所以一点的两个投影就包含了确定该点空间位置的三个坐标，即确定了点的空间位置。

3. 点的投影规律

（1）点的正面投影与水平面投影的连线一定垂直于 OX 轴，即 $aa' \perp OX$。

（2）点的正面投影与侧面投影的连线一定垂直于 OZ 轴，即 $a'a'' \perp OZ$。

（3）点的水平面投影到 OX 轴的距离等于点的侧面投影到 OZ 轴的距离，即 $aa_X = a''a_Z$。

4. 两点的相对位置

两点的相对位置是指空间两个点的上下、左右、前后关系，在投影图中，是以它们的坐标差来确定的。两点的 V 面投影反映上下、左右关系；两点的 H 面投影反映左右、前后关系；两点的 W 面投影反映上下、前后关系。

5. 重影点的投影

当空间两点的某两个坐标值相等时，该两点处于某一投影面的同一投射线上，则这两点对该投影面的投影重合于一点。空间两点的同面投影重合于一点的性质，称为重影性，该两点称为重影点，如图 3-38 所示。

标注重影点时，将坐标小的点加括号。

第三单元 运用三视图 表达几何图形

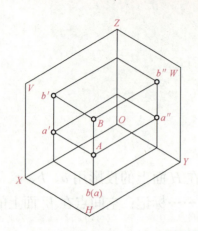
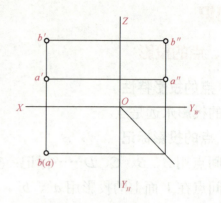

图 3-38 重影点的投影

二、直线的投影

1. 直线

在绘制直线的投影图时，只要作出直线上任意两点的投影，再将两点的同面投影连接起来，即得到直线的三面投影。

2. 直线的投影特性

（1）直线倾斜于投影面：投影具有收缩性，投影变短线。

（2）直线平行于投影面：投影具有真实性，投影实长线。

（3）直线垂直于投影面：投影具有积聚性，投影聚一点。

3. 直线在三投影面体系中的投影特性

（1）一般位置直线：对于三个投影面均处于倾斜位置，如图 3-39 所示。

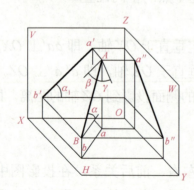
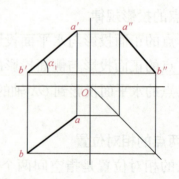

图 3-39 直线的三面投影

投影特性：

① 在三个投影面上的投影均是倾斜直线。

② 投影长度均小于实长。

（2）投影面平行线：平行于一个投影面，而与另外两投影面倾斜。

三种位置：

① 正平线：平行于 V 面的直线。

② 水平线：平行于 H 面的直线。

③ 侧平线：平行于 W 面的直线。

投影特性：

① 在所平行的投影面上的投影为一段反映实长的斜线。

② 在其他两个投影面上的投影分别平行于相应的投影轴，长度缩短。

（3）投影面垂直线：垂直于一个投影面，而平行于另外两投影面。

三种位置：

① 正垂线：垂直于 V 面的直线。

② 铅垂线：垂直于 H 面的直线。

③ 侧垂线：垂直于 W 面的直线。

投影特性：

① 在所垂直的投影面上的投影积聚为一点。

② 在其他两个投影面上的投影分别平行于相应的投影轴，且反映实长。

三、拓展：基本体表面求点的原理和方法

1. 点、线、面的重属性原理（线包括直线和曲线，面包括平面和曲面）

若 A 点在 P 面上，那么 A 点的投影一定在 P 面的同面投影上；若 A 点在线 L 上，那么 A 点的投影一定在线 L 的同面投影上；若线 L 在 P 面上，那么线 L 的投影一定在 P 面的同面投影上，如图 3-40 所示。

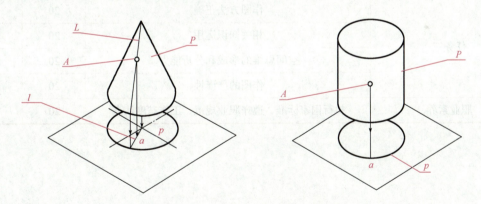

图 3-40　点、线、面的重属性原理

2. 基本体表面上求点的方法

（1）利用积聚性来求解。

从点的已知投影出发，按投影关系先在该面的积聚性投影上找出点的投影，然后再按三等规律找出点的第三投形，如圆柱表面的求点。

（2）利用辅助线法求解。

先在几何体表面上作一条通过该点的辅助线，分别作出该线的各面投影，再作出点的投影，如圆锥表面求点。

（3）利用辅助圆法求解。

先在几何体表面上作一个通过该点的辅助圆，分别作出该圆的各面投影，再作出点的投影，如圆锥表面求点和球体表面求点。

学习效果评价

1．以学生完成任务情况作为评分标准，并以此考查学生的理论知识和动手能力。
2．操作中增强学生的学习兴趣，实物教学与动画演示相结合。
3．要求学生在组内讨论的基础上独立完成工作任务，由教师对每位及每组同学的完成情况进行评价，并给出每位同学的成绩，具体评价内容、评分标准、分值及得分见表3-3。

表 3-3 评价内容、评分标准、分值及得分

评价内容	评分标准	分值	得分
任务一	作图方法正确	20	
	相关知识运用	20	
	空间思维的形成和分析能力	20	
	作图的严谨性	20	
任务二	作图方法正确	20	
	相关知识运用	20	
	空间思维的形成和分析能力	20	
	作图的严谨性	20	
任务三	作图方法正确	20	
	相关知识运用	20	
	空间思维的形成和分析能力	20	
	作图的严谨性	20	
职业素养	执行国家标准、遵守职业规范、工作态度认真	20	

模块三 绘制组合体三视图

学习目标

知识与技能目标：

1．理解组合体的组合形式。

2．学会组合体三视图的画法。

3．能识读组合体并标注组合体的尺寸。

素养目标：

要求学生严格贯彻、执行国家标准，养成在工作中遵守职业规范的习惯；培养学生严谨的工作作风、科学思维能力、团队协作精神、创新意识和创新能力；树立兢兢业业、精益求精的工匠意识；培养学生的职业自豪感。

工作任务

任务一：绘制图 3-41 所示的叠加类组合体的三视图。

任务二：绘制图 3-42 所示的切割类组合体的三视图。

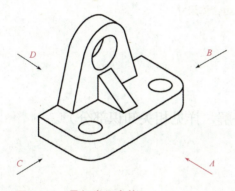

图 3-41 叠加类组合体

图 3-42 切割类组合体

任务三：绘制图 3-43 所示的支座的三视图。

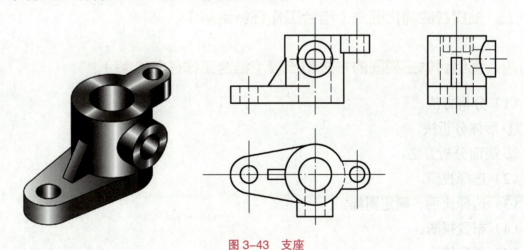

图 3-43 支座

任务四：标注组合体尺寸，如图 3-44 所示。

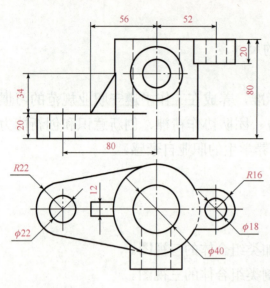
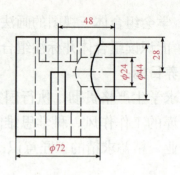

图 3-44　标注组合体尺寸

任务分析

完成工作任务所需要的知识点（教师讲解，详见相关知识部分）。

一、组合体的组合形式

二、组合体中相邻形体表面的连接关系

三、相贯线的简化画法（结合工作任务讲解）

四、画组合体三视图的方法和步骤（结合工作任务讲解）

（1）分析方法。
①形体分析法。
②线面分析方法。
（2）选择视图。
（3）选择比例、确定图幅。
（4）布置视图。
（5）画底稿。
（6）检查、描深。

五、组合体的尺寸标注（结合工作任务详细讲解）

（1）尺寸标注的基本要求。

(2）尺寸的种类。

(3）基本方法。

(4）尺寸基准。

(5）尺寸布置。

(6）标注步骤。

任务实施

一、绘制支座的三视图（任务一）

1. 形体分析

支座如图 3-45（a）所示，根据形体结构特点，可将其看成是由底板、竖板和肋板三部分叠加而成，如图 3-45（b）所示。竖板上部的圆柱面与左、右两侧面相切；竖板与底板的后表面共面，二者前表面错开，不共面，竖板的两侧面与底板上表面相交；肋板与底板、竖板的相邻表面都相交；底板、竖板上有通孔且底板前面为圆角。

2. 选择视图

将支座按自然位置安放后，如图 3-45（a）所示，经过比较箭头 A、B、C、D 所指四个不同投射方向可以看出，选择 A 向作为主视图的投射方向要比其他方向好。因为组成支座的基本形体及其整体结构特征在 A 向表达最清晰。

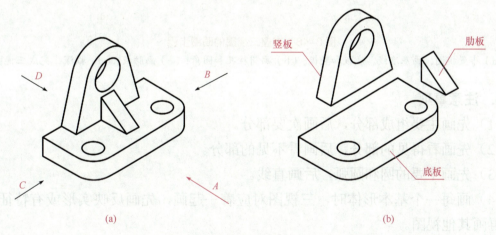

图 3-45 支座

（a）按自然位置安放支座；（b）支座的组成

3. 画图步骤

(1）选择适当的图纸幅面和比例，确定视图位置，画基准线。

(2）画底板和竖板的三视图，如图 3-46（a）所示。

(3）画圆柱孔和圆角，如图 3-46（b）所示。

(4）画肋板的三视图，如图 3-46（c）所示。

（5）检查，描深，完成三视图，如图3-46（d）所示。

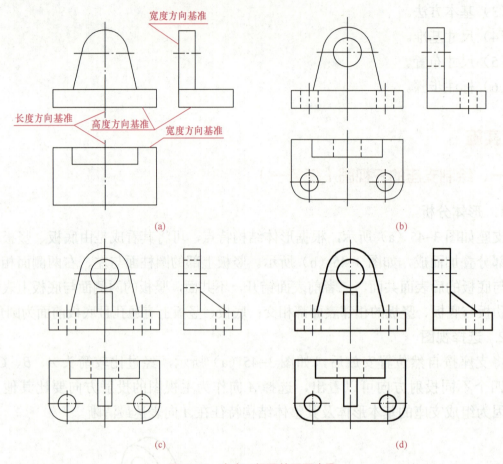

图3-46　支座三视图的画图步骤

（a）布置视图，画基准线、底板和竖板；（b）画圆柱孔和圆角；（c）画肋板；（d）描深，完成三视图

4．注意事项

（1）先画主要组成部分，后画次要部分。

（2）先画看得见的部分，后画看不见的部分。

（3）先画主要的圆和圆弧，后画直线。

（4）画每一个基本形体时，三视图对应着一起画，先画反映实形或有特征的视图，再画其他视图。

5．讨论

分组并分别以箭头 B、C、D 所示方向作为主视图投射方向，徒手画出三视图，其结果如何？与 A 所示方向比较验证。

二、绘制组合体的三视图（任务二）

1．形体分析和线面分析

组合体可看成是由长方体切去基本形体1、2、3而形成，如图3-47所示。画切割型组合体的视图可在形体分析的基础上结合线面分析法进行。

所谓线面分析法，是根据表面的投影特性来分析组合体表面的性质、形状和相对位置，从而完成画图和读图的方法。

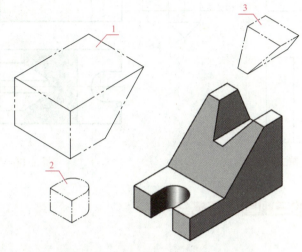

图 3-47　切割体

2. 画图步骤

（1）第一次切割：先画切口的主视图，再画出俯、左视图中的图线，如图 3-48 所示。

（2）第二次切割：先画圆槽的俯视图，再画出主、左视图中的图线，如图 3-49 所示。

（3）第三次切割：先画梯形槽的左视图，再画出主、俯视图中的图线，如图 3-50 所示。

3. 注意事项

（1）作每个切口的投影时，应先从反映形体特征轮廓且具有积聚性投影的视图开始，再按投影关系画出其他视图。例如第一次切割时（图 3-48），先画切口的主视图，再画出俯、左视图中的图线；第二次切割时（图 3-49），先画圆槽的俯视图，再画出主、左视图中的图线；第三次切割时（图 3-50），先画出梯形槽的左视图，再画出主、俯视图中的图线。

（2）注意切口截面投影的类似性。梯形槽与斜面 P 相交而形成的截面，如图 3-50 所示，其水平投影 p 与侧面投影 p'' 应为类似形。

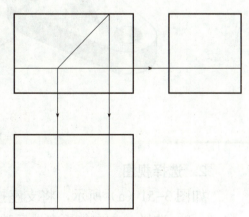

图 3-48　第一次切割

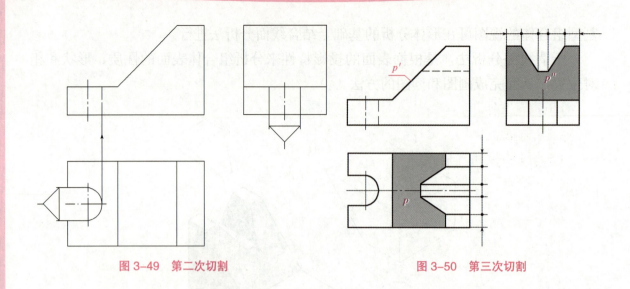

图 3-49 第二次切割　　　　　　　　图 3-50 第三次切割

三、绘制支座的三视图（任务三）

1. 形体分析

支座如图 3-51（a）所示，根据形体特点，可将其分解为五个部分，分别是空心圆柱体、底板、凸台、耳板和肋板，如图 3-51（b）所示。

肋板底面与底板顶面叠合，底板两侧面与空心圆柱体相切，肋板和耳板侧面均与空心圆柱体相交，凸台轴线与圆柱体轴线垂直相交，且其上的通孔连通，如图 3-51 所示。

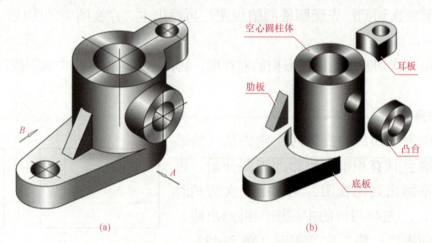

图 3-51 支座及其形体分析
（a）支座；（b）组成部分

2. 选择视图

如图 3-51（a）所示，将支座按自然位置安放后，比较箭头所示的两个投射方向 A、B，选择 A 方向能更多地反映支座的结构形状特征。

3. 确定比例和图纸幅面，确定视图位置

4. 画图步骤

按形体分析法，先从主要形体（如空心圆柱体）着手，并按各基本形体的相对

位置逐个画出它们的三视图，具体作图步骤如图3-52所示。

（1）画各视图的主要中心线和基准线。

（2）画空心圆柱体。

（3）画凸台。

（4）画底板。

（5）画肋板和耳板。

（6）检查，描深。

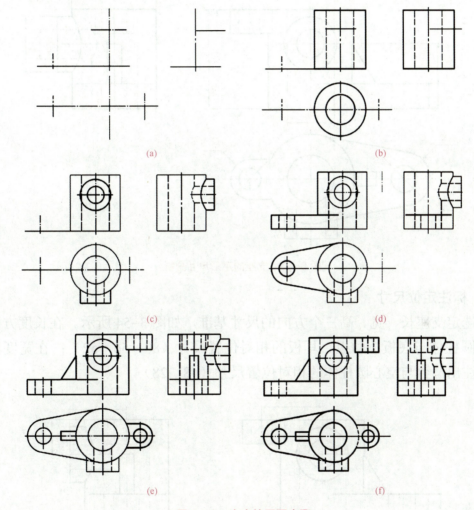

图3-52　支座的画图步骤

(a) 画主要中心线和基准线；(b) 画空心圆柱体；(c) 画凸台；(d) 画底板；

(e) 画肋板和耳板；(f) 检查，描深

四、对支座三视图进行尺寸标注（任务四）

标注组合体尺寸的顺序是逐个标出各个基本形体的定形尺寸和定位尺寸，具体步骤如下。

1. 标注定形尺寸

将支座分解为五个基本形体 [图 3-51（b）]，分别注出其定形尺寸，如图 3-53 所示。这些尺寸标注在哪个视图上，要根据具体情况而定。如空心圆柱体的尺寸 80 和 $\phi 40$ 可标注在主视图上（根据情况，$\phi 40$ 也可标注在俯视图上），但 $\phi 72$ 在主视图上标注不清楚，所以标注在左视图上。底板的尺寸 $\phi 22$ 和 $R22$ 标注在俯视图上最合适，而厚度尺寸 20 只能标注在主视图上。其余各部分尺寸标注请学生自行分析。

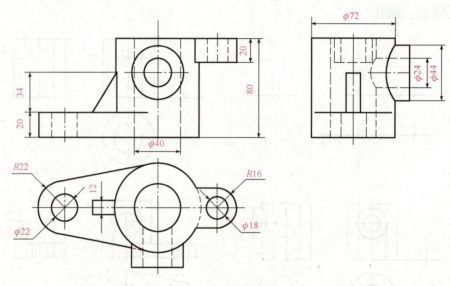

图 3-53 支座的定形尺寸分析

2. 标注定位尺寸

先选定支座长、宽、高三个方向的尺寸基准，如图 3-54 所示。在长度方向上注出空心圆柱体与底板、肋板、耳板的相对位置尺寸（80，56，52）；在宽度和高度方向上注出凸台与空心圆柱体的相对位置尺寸（48，28）。

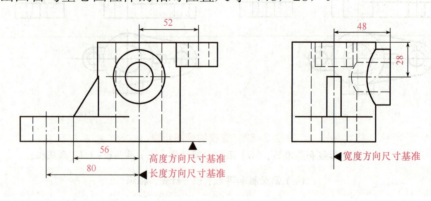

图 3-54 支座的定位尺寸分析

3. 标注总体尺寸

为了表示组合体外形的总长、总宽和总高，应标注出相应的总体尺寸。支座的总高尺寸为 80，而总长和总宽尺寸则由于标出了定位尺寸而不独立，这时一般不再标注。如图 3-54 所示，在长度方向上标注了定位尺寸 80，52，以及圆弧半径

$R22$ 和 $R16$ 后，就不再标注总长尺寸（$80＋52＋22＋16＝170$）。左视图在宽度方向上标出了定位尺寸 48 后，就不再标注总宽尺寸（$48＋72/2＝84$）。支座完整的尺寸标注如图 3-55 所示。

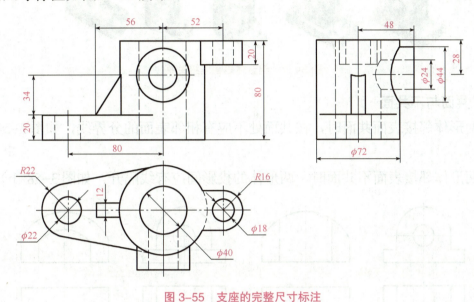

图 3-55 支座的完整尺寸标注

相关知识

一、组合体的组合形式

组合体的组合方式有叠加、切割和综合三种方式。叠加型组合体可看成是由若干基本体叠加而成；切割型组合体可以看成是在基本几何体上进行切割、钻孔、挖槽等所构成的形体；多数组合体则是既有叠加又有切割的综合型，如图 3-56 所示。

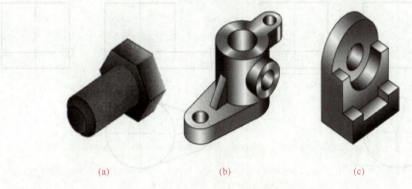

图 3-56 组合体的组合形式
（a）叠加型；（b）综合型；（c）切割型

二、组合体中相邻形体表面的连接关系

无论组合体是如何形成的，其基本形体的表面都存在一定的连接关系，分别是

共面与不共面、相切和相交，如图 3-57 所示。

图 3-57 组合体表面连接关系

1. 共面与不共面

当两形体邻接表面共面时，在共面处不应有相邻表面的分界线，如图 3-58（a）所示。

当两形体邻接表面不共面时，两形体的投影间应有线隔开，如图 3-58（b）所示。

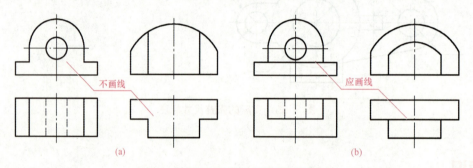

图 3-58 两表面共面或不共面的画法
（a）共面；（b）不共面

2. 相切

当两形体邻接表面相切时，由于相切是光滑过渡，所以切线的投影不必画出，如图 3-59（a）所示。图 3-59（b）所示相切处画线是错误的。

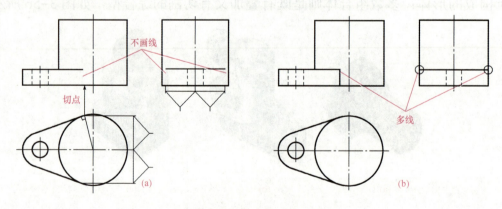

图 3-59 相切画法正误对比
（a）正确；（b）错误

3. 相交

两形体相交时，其相邻表面必产生交线，在相交处应画出交线的投影，如图 3-60（a）所示。

如图3-60（b）所示，无论是实形体与实形体相交，还是实形体与空形体相邻表面相交，只要形体的大小和相对位置一致，其交线完全相同。值得注意的是，当两实形体相交时已融为一体，圆柱面上原来的一段转身轮廓线已不存在，圆柱被穿方孔后的一段转身轮廓线已被切去。

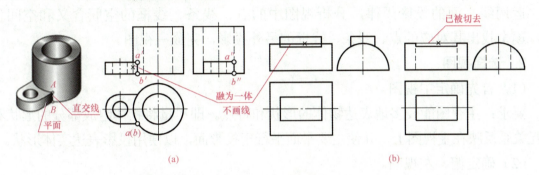

图3-60 相交

（a）画出交线的投影；（b）两实形体相交、实形体与空形体相交

三、相贯线的简化画法

两回转体相交，常见的是圆柱与圆柱相交、圆锥与圆柱相交以及圆柱与圆球相交，其交线称为相贯线。

国家标准规定，当两圆柱直径正交且直径不等时，允许采用简化画法作出相贯线的投影，如图3-61所示，即以圆弧代替非圆曲线（相贯线的正面投影以大圆柱的半径为半径画的圆弧来代替，并向大圆柱内弯曲）。

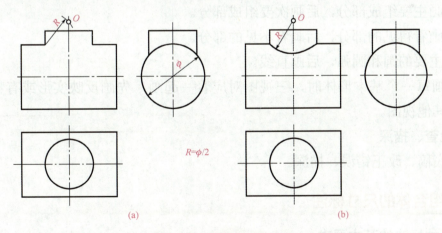

图3-61 相贯线的简化画法

（a）以大圆柱的半径为半径；（b）向大圆柱内弯曲画弧

四、画组合体三视图的方法和步骤

1. 分析方法

（1）形体分析法。

① 先看清形状、结构特点以及表面间的相互关系，明确组合形式。

② 将组合体分成几个组成部分，进一步了解组成部分之间的分界线特点，为画三视图做好准备。

（2）线面分析方法。

运用线、面的投影规律，分析视图中的点、线条、线框的空间含义和空间位置，逐个找出其对应的点、线条、线框的另外投影，完成三视图。

2. 选择视图

（1）首先确定主视图。

要求：主视图能较多地表达物体的形状和特点。即尽量将物体组成部分的形状和相互关系反映在主视图上，并使主要平面平行于投影面，以便用投影表达实体形状。

（2）确定俯、左视图。

3. 选择比例、确定图幅

根据物体的大小和图纸幅面尺寸的大小，注意图纸要留有余地，以便标注尺寸、画标题栏和技术要求。

4. 布置视图

布置视图时，要根据各视图每个方向上的最大尺寸和视图间要留的间隙，来确定每个视图的位置。

5. 画底稿

（1）合理布局后，画出每一个视图的基准线。

（2）按照组成物体的基本形体，逐一画出它们的三视图。

① 先画主要组成部分，后画次要组成部分。

② 先画看得见的部分，后画看不见的部分。

③ 画主要的圆和圆弧，后画直线。

（3）画每一个基本形体时，三视图对应着一起画，先画反映实形或有特征的视图，再画其他视图。

6. 检查、描深

检查底稿、改正错误、描深。

五、组合体的尺寸标注

1. 尺寸标注的基本要求

（1）正确：尺寸标注必须符合国家标准的规定。

（2）完整：所注各类尺寸应齐全。

（3）清晰：尺寸布置要整齐清晰，便于看图。

2. 尺寸的种类

（1）定形尺寸：表示各基本几何体大小的尺寸。

（2）定位尺寸：表示各基本形体相对位置的尺寸。

（3）总体尺寸：表示组合体总长、总宽、总高的尺寸。

3. 基本方法

标注尺寸的基本方法是形体分析法。

4. 尺寸基准

标注尺寸的起点称为尺寸基准（简称基准）。

5. 尺寸布置

（1）各基本形体的定形尺寸和有关的定位尺寸，要尽量标注在一个或两个视图上，便于集中标注。

（2）尺寸应注在表达形体特征最明显的视图上并尽量避免标注在虚线上。

（3）对称结构的尺寸，一般应按照对称要求进行标注。

（4）尺寸应尽量标注在视图的外边，布置在两个视图之间。

（5）圆的直径一般标注在投影为非圆的视图上，圆弧的半径应标注在投影为圆弧的视图上。

（6）平行并列的尺寸，应使较小的尺寸靠近视图，较大的尺寸依次向外分布，以免尺寸线与尺寸界线交错。

6. 标注步骤

（1）分析组合体由哪些基本形体组成。

（2）选择组合体长、宽、高三个方向的基准。

（3）标注各基本形体相对于组合体基准的定位尺寸。

（4）标注各基本形体的总体尺寸。

（5）标注组合体的总体尺寸。

（6）检查、调整尺寸，对上述标注的尺寸进行检查、整理、调整，把多余的尺寸和不适合的尺寸去掉。

六、拓展：组合体视图的识读

1. 看图时的注意事项

（1）几个视图配合起来看图。

（2）看图时应抓特征视图。

（3）明确视图中线框和图线的含义。

（4）善于构思物体的形状。

2. 看图的基本方法

（1）形体分析法。

形体分析法是读图的基本方法，根据基本形体的投影特征，找出面和面的对应关系，将组合体分成几个部分，明确其表面连接关系，逐个想象出各个部分的形状，再将它们组合起来，综合而成一个完整的组合体。

（2）线面分析法。

线面分析法就运用点、线、面的投影规律，读懂视图中点、线、面的空间含义，想象物体各表面的形状和相对位置，解决看图的难点，从而看懂组合体的视图。

学习效果评价

1．以学生完成任务情况作为评分标准，并以此考查学生的理论知识和动手能力。

2．操作中增强学生的学习兴趣，实物教学与动画演示相结合。

3．要求学生在组内讨论的基础上独立完成工作任务，由教师对每位及每组同学的完成情况进行评价，并给出每位同学的成绩，具体评价内容、评分标准、分值及得分见表3-4。

表3-4 评价内容、评分标准、分值及得分

评价内容	评分标准	分值	得分
任务一	作图步骤正确	20	
	相关知识运用	20	
	空间思维的形成和分析能力	20	
任务二	作图步骤正确	20	
	相关知识运用	20	
	空间思维的形成和分析能力	20	
任务三	作图步骤正确	20	
	相关知识运用	20	
	空间思维的形成和分析能力	20	
任务四	按照尺寸标注的基本规定进行标注	30	
	能正确、齐全、清晰地标注	30	
图面质量	布局合理	5	
	图线符合国家标准要求	10	
	图面整洁	5	
职业素养	执行国家标准、遵守职业规范、工作态度认真	20	

模块四　绘制轴测图

学习目标

知识与技能目标：

1. 了解轴测投影的基本概念、轴测投影的特性和常用轴测图的种类。
2. 了解正等测图的画法。
3. 了解圆平面在同一方向上的斜二测画法。

素养目标：

培养学生的科学思维能力、团队协作精神、创新意识和创新能力；树立踏实认真的职业精神。

工作任务

任务一：根据图 3-62（a）所示绘制正六棱柱的正等测图。
任务二：根据图 3-63（a）所示绘制圆柱的正等测图。
任务三：根据图 3-64（a）所示绘制带圆孔六棱柱的斜二轴测图。
任务四：根据图 3-65（a）所示绘制圆台的斜二轴测图。

任务分析

完成工作任务所需要的知识点（教师讲解，详见相关知识部分）。

一、轴测图的形成及投影特性

二、轴测图的分类

三、轴间角和轴向伸缩系数

四、轴测图画法（结合工作任务详细讲解）

（1）根据形体结构特点，选定坐标原点的位置，一般在物体的对称轴线上，且放在顶面或底面处，这样方便作图。

（2）画轴测轴。

（3）按点的坐标作点、直线的轴测图，一般自上而下，根据轴测投影的基本性质，逐步作图，不可见棱线通常不画。

任务实施

一、根据图 3-62（a）所示绘制正六棱柱的正等测图（任务一）

1. 图形分析

正六棱柱的前后、左右对称。设坐标原点 O_0 为顶面六边形的对称中心，X_0、Y_0 轴分别为六边形的对称中心线，Z_0 轴与正六棱柱的轴线重合，这样便于直接定出顶面六边形各顶点的坐标。从顶面开始作图。

2. 作图步骤

（1）选定正六棱柱顶面六边形对称中心 O_0 为坐标原点，坐标轴为 O_0X_0、O_0Y_0、O_0Z_0，如图 3-62（a）所示。

（2）画轴测轴 OX、OY，由于 a_0、d_0 和 1_0、2_0 分别在 O_0X_0、O_0Y_0 轴上，可直接定出 A、D、Ⅰ 和 Ⅱ 四点，如图 3-62（b）所示。

（3）过 Ⅰ、Ⅱ 两点分别作 OX 轴的平行线，在线上定出 B、C、E、F 各点。依次连接各顶点即得顶面的轴测图，如图 3-62（c）所示。

（4）过顶点 A、B、C、F 沿 OZ 轴向下画棱线，并在其上量取高度 h，依次连接得底面的轴测图，擦去多余的作图线并描深，完成正六棱柱的正等轴测图，如图 3-62（d）所示。轴测图的不可见轮廓线一般不要求画出。

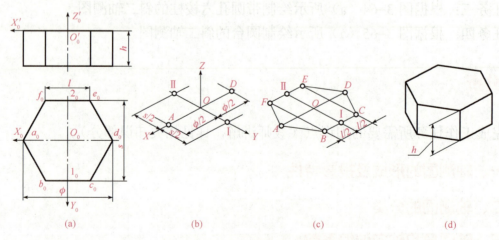

图 3-62　正六棱柱的正等测画法

（a）选定坐标原点、坐标轴；（b）定 A、D 和 Ⅰ、Ⅱ 四点；（c）顶面轴测图；（d）正六棱柱的正等轴测图

二、根据图 3-63（a）所示绘制圆柱的正等测图（任务二）

1. 图形分析

直立圆柱的轴线垂直于水平面，上、下底为两个与水平面平行且大小相同的圆，在轴测图中均为椭圆。可按圆柱的直径 ϕ 和高度 h 作出两个形状和大小相同、中心距为 h 的椭圆，再作两椭圆的公切线。

2. 作图步骤

（1）选定坐标轴及坐标原点。根据圆柱上底圆与坐标轴的交点定出 a、b、c、d，如图 3-63（a）所示。

（2）画轴测轴，定出四个切点 A、B、C、D，过四点分别作 X、Y 轴的平行线，得外切正方形的轴测图（菱形）。沿 Z 轴量取圆柱高度 h，用同样方法作出下底菱形，如图 3-63（b）所示。

（3）过菱形两顶点 1 和 2，连 $1C$、$2B$ 得交点 3，连 $1D$、$2A$ 得交点 4，1、2、3、4 即为形成近似椭圆的四段圆弧的圆心。分别以 1，2 为圆心，$1C$ 为半径作弧 CD 和弧 AB；分别以 3，4 为圆心，$3B$ 为半径作弧 BC 和弧 AD，得圆柱上底轴测图（椭圆）。将三个圆心 2，3，4 沿 Z 轴平移距离 h，作出下底椭圆，不可见的圆弧不必画出，如图 3-63（c）所示。

（4）作两椭圆的公切线，擦去多余的作图线并描深，完成圆柱的正等轴测图，如图 3-63（d）所示。

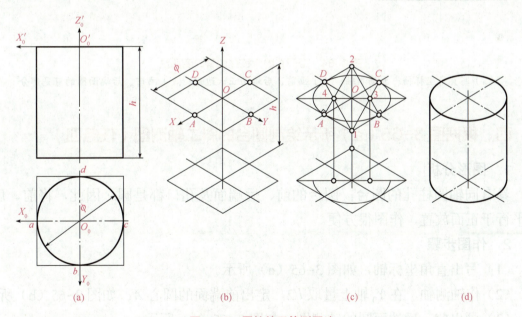

图 3-63 圆柱的正等测画法

（a）选定坐标轴及坐标圆点；（b）轴测图及下底菱形；（c）下底椭圆；（d）圆柱的正等轴测

三、根据图 3-64（a）所示绘制带圆孔六棱柱的斜二轴测图（任务三）

1. 图形分析

带圆孔的六棱柱，其前（后）端面平行于正面，确定直角坐标系时，使坐标轴 O_0Y_0 与圆孔轴线重合，坐标面 $X_0O_0Z_0$ 与正面平行，选择正面作为轴测投影面。这样，物体上的正六边形和圆的轴测投影均为实形，作图很方便。

2. 作图步骤

（1）写出直角坐标轴并画出轴测轴，如图 3-64（a）所示。

（2）画出前端面正六边形，由六边形各顶点沿 Y 轴方向向后平移 $h/2$，画出后端面正六边形，如图 3-64（b）所示。

（3）根据圆孔直径 ϕ 在前端面好画圆，由点 O 沿 Y 轴方向向后平移 $h/2$ 得 O_1，作出后端面圆的可见部分，如图 3-64（c）所示。

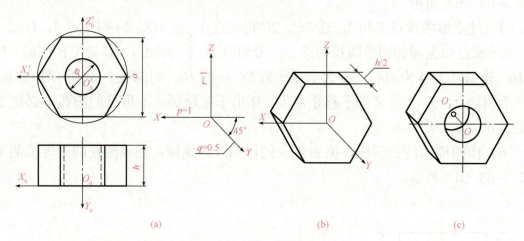

图 3-64　带圆孔的六棱柱的斜二测画法

（a）写直角坐标轴、画轴测轴；（b）画前、后端面正六边形；（c）画前、后端面圆的可见部分

四、根据图 3-65（a）所示绘制圆台的斜二轴测图（任务四）

1. 图形分析

具有同轴圆柱孔的圆台，圆台的前、后端面及孔口都是圆。因此，将前、后端面平行于正面放置，作图很方便。

2. 作图步骤

（1）写出直角坐标轴，如图 3-65（a）所示。

（2）作轴测轴，在 Y_0 轴上量取 $l/2$，定出前端面的圆心 A，如图 3-65（b）所示。

（3）画出前、后端面圆的轴测图，如图 3-65（c）所示。

（4）作两端面圆的公切线及前孔口和后孔口的可见部分。擦去多余的作图线并描深，如图 3-65（d）所示。

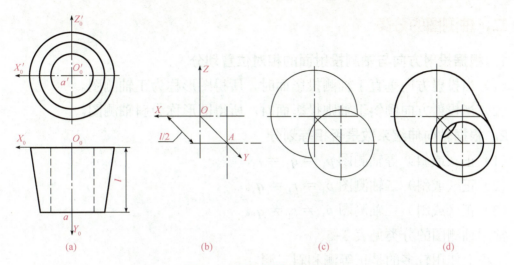

图 3-65 圆台的斜二测画法

(a) 写直角坐标轴；(b) 画轴测轴；(c) 画前、后端面圆的轴测图；

(d) 作两端面圆的公切线及前孔口和后孔口的可见部分

相关知识

一、轴测图的形成及投影特性

轴测图是将物体连同其直角坐标系，沿不平行于任一坐标面的方向，用平行投影法投射在单一投影面上所得到的具有立体感的图形，如图 3-66 所示。轴测图又称作轴测投影。单一投影面称为轴测投影面。直角坐标轴 O_0X_0、O_0Y_0、O_0Z_0 在轴测投影面上的投影 OX、OY、OZ 称为轴测轴。轴测轴之间的夹角 $\angle XOY$、$\angle YOZ$、$\angle XOZ$ 称为轴间角，三根轴测轴的交点 O 称为原点，轴测轴的单位长度与相应直角坐标轴的单位长度的比值称为轴向伸缩系数。X 向、Y 向和 Z 向的轴向伸缩系数分别用 p_1、q_1 和 r_1 表示，简化伸缩系数分别用 p、q 和 r 表示。

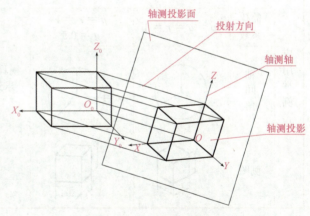

图 3-66 轴测图的形成

由于轴测图是用平行投影法得到的，因此具有以下投影特性：

（1）平行性。物体上互相平行的线段，轴测投影仍互相平行。

（2）度量性。物体上不平行于轴测投影面的平面图形，在轴测图上变成原形的类似形。

二、轴测图的分类

1. 根据投射方向与轴测投射面的相对位置划分

（1）当投射方向垂直于轴测投影面时，所得图形称为正轴测图。

（2）当投射方向倾斜于轴测投影面时，所得图形称为斜轴测图。

2. 根据轴向伸缩系数是否相等划分

（1）正（或斜）等轴测图 $p_1 = q_1 = r_1$。

（2）正（或斜）二轴测图 $p_1 = r_1 \neq q_1$。

（3）正（或斜）三轴测图 $p_1 \neq r_1 \neq q_1$。

常用轴测图的分类见表 3-5。

工程上使用较多的是正等测和斜二测。

表 3-5 常用轴测图的分类

特性	正轴测投影 投影线与轴测投形面垂直			斜轴测投影 投影线与轴测投影面倾斜		
轴测类型	等测投影	二测投影	三测投影	等测投影	二测投影	三测投影
简称	正等测	正二测	正三测	斜等测	斜二测	斜三测
应用举例 — 伸缩系数	$p_1 = q_1 = r_1 = 0.82$	$p_1 = r_1 = 0.94$ $q_1 = \dfrac{p_1}{2} = 0.47$	视具体要求选用	视具体要求选用	$p_1 = r_1 = 1$ $q_1 = 0.5$	视具体要求选用
应用举例 — 简化系数	$p = q = r = 1$	$p = r = 1$ $q = 0.5$			无	
应用举例 — 轴间角	120°/120°/120° (X,Y,Z)	≈97°/131°/132°			90°/135°/135°	
应用举例 — 例图	立方体（1:1:1）	立方体（1:½:1）			立方体（1:½:1）	

三、轴间角和轴向伸缩系数

1、正等轴测图的轴间角和轴向伸缩系数

正等测的三个轴间角相等，即 $\angle XOY = \angle YOZ = \angle XOZ = 120°$；正等测的轴向伸缩系数也相等，即 $p_1 = q_1 = r_1 = 0.82$，如图 3-67 所示。

为了作图方便，一般采用简化轴向伸缩系数，$p = q = r = 1$，即凡平行于各坐标轴的尺寸都按原尺寸作图。这样画出的轴测图，其轴向尺寸比按理论伸缩系数作图的长度放大了 1/0.82≈1.22 倍，但这对表达形体的直观形象没有影响。

2. 斜二轴测图的轴间角和轴向伸缩系数

将坐标轴 O_0Z_0 放置成铅垂位置，并使坐标面 $X_0O_0Z_0$ 平行于轴测投影面 V，用斜投影法将物体连同其坐标轴一起向 V 面投射，所得到的轴测图称为斜轴测图。

轴测轴 OX、OZ 分别为水平方向和铅垂方向，其轴向伸缩系数 $p=r=1$，轴间角 $\angle XOZ=90°$；国家标准规定，轴测轴 OY，选取轴向伸缩系数 $q=0.5$，轴间角 $\angle XOY=\angle YOZ=135°$，如图 3-68 所示。

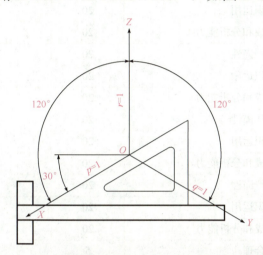
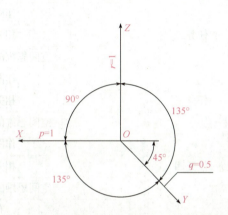

图 3-67 正等轴测图的轴间角和轴向伸缩系数　　图 3-68 斜二轴测图的轴间角和轴向伸缩系数

3. 轴测图画法

通常可按下述步骤作图：

（1）根据形体结构特点，选定坐标原点的位置，一般在物体的对称轴线上，且放在顶面或底面处，这样对作图较为有利。

（2）画轴测轴。

（3）按点的坐标作点、直线的轴测图，一般自上而下，根据轴测投影的基本性质，逐步作图，不可见棱线通常不画。

四、拓展：轴测图的选用方法

在选用轴测图时，既要考虑立体感强，又要考虑作图方便。

（1）正等测图的轴间角以及各轴的轴向伸缩系数均相同，利用 30° 的三角板和丁字尺作图较简便，它适用于绘制各坐标面上都带孔的物体。

（2）当物体一个方向上的圆及孔较多时，采用斜二测图比较简便。

究竟选用哪种轴测图，应根据各种轴测图的特点、几何物体的具体形状，进行综合分析，然后做出决定。

学习效果评价

1．以学生完成任务情况作为评分标准，并以此考查学生的理论知识和动手能力。

2．操作中增强学生的学习兴趣，实物教学与动画演示相结合。

3．要求学生在组内讨论的基础上独立完成工作任务，由教师对每位及每组同学的完成情况进行评价，并给出每位同学的成绩，具体评价内容、评分标准、分值及得分见表3-6。

表3-6 评价内容、评分标准、分值及得分

评价内容	评分标准	分值	得分
任务一	作图的严谨性	20	
	相关知识运用	20	
	空间思维的形成和分析能力	20	
任务二	作图的严谨性	20	
	相关知识运用	20	
	空间思维的形成和分析能力	20	
任务三	作图的严谨性	20	
	相关知识运用	20	
	空间思维的形成和分析能力	20	
任务四	作图的严谨性	20	
	相关知识运用	20	
	空间思维的形成和分析能力	20	
图面质量	布局合理	5	
	图线符合国家标准要求	10	
	图面整洁	5	
职业素养	执行国家标准、遵守职业规范、工作态度认真	20	

模块五 运用 AutoCAD 绘制三视图

学习目标

知识与技能目标：

1．能读懂组合体三视图。
2．能用 AutoCAD 的相关命令绘制组合体的三视图。
3．能正确标注尺寸。
4．能正确使用相关的绘图技巧。

素养目标：

学习态度明确，能自主学习，有与他人协作学习、交流沟通的愿望，具有一定的创新意识。

工作任务

任务一：绘制图 3-69 所示的组合体的主、俯视图并标注尺寸。

任务二：绘制图 3-70 所示的组合体的三视图并标注尺寸。

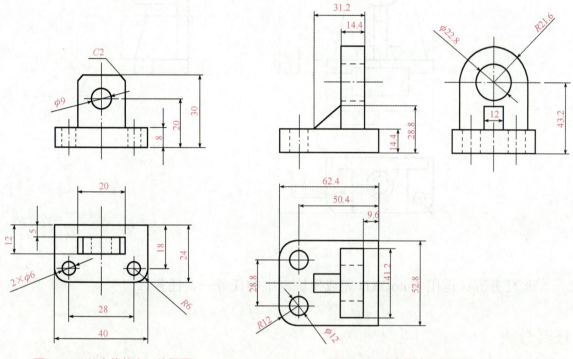

图 3-69　组合体的主、俯视图　　　图 3-70　组合体的三视图

任务三：绘制图 3-71 所示的支座的三视图并标注尺寸。

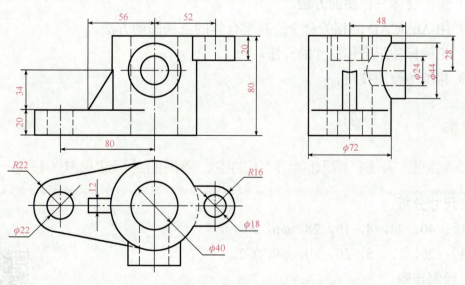

图 3-71　支座的三视图

※ 任务四：绘制图 3-72 所示的轴承座的三视图并标注尺寸。

第三单元 运用三视图 表达几何图形

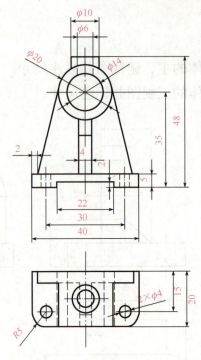
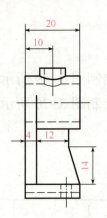

图 3-72 轴承座

※ 任务五：运用 AutoCAD 完成模块三中的任务一、任务二。

任务分析

完成工作任务所需要的知识点（教师演示时详细讲解）。
（1）读组合体三视图的方法。
（2）用 AutoCAD 的相关命令绘制组合体的三视图的方法。
（3）正确标注组合体尺寸的方法。
（4）相关的绘图技巧。

任务实施

一、绘制图 3-69 所示的组合体的主、俯视图并标注尺寸（任务一）

1. 尺寸分析

底板：40，24，8，18，28，$\phi 6$，$R6$。
竖板：20，12，5，30，20，$\phi 9$，$C2$。

2. 绘制步骤

（1）新建文件。
（2）新建图层。
中心线——细点画线；轮廓线——粗实线；不可见轮廓线——细

绘制组合体（一）

虚线；尺寸标注线——细实线。

（3）绘制底板。

主、俯视图一起画，主、俯视图长对正。

① 绘制底板的对称中心线（细点画线），注意先主后俯。

② 绘制底板的可见轮廓线（粗实线），注意先主后俯，绘制后的图形如图 3-73 所示。

③ 绘制底板上的两个小孔（先俯后主）（俯视图——粗实线，主视图——细虚线），注意两个定位尺寸 18 和 28，绘制后的图形如图 3-74 所示。

④ 对底板俯视图的前端倒两个圆角，修改后的图形如图 3-75 所示。

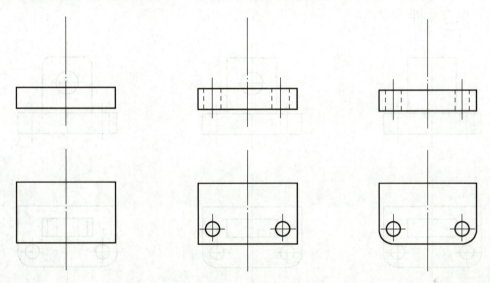

图 3-73　底板的可见轮廓线　　图 3-74　底板上的两个小孔　　图 3-75　底板前端倒圆角

（4）绘制竖板。

① 绘制竖板（粗实线），注意先主后俯，绘制后的图形如图 3-76 所示。

② 绘制竖板的小孔（主视图——粗实线；俯视图——细虚线），注意先主后俯，绘制后的图形如图 3-77 所示。

③ 运用倒角命令（CHAMFER 命令）对竖板的主视图倒角（先主后俯）。

命令行的显示操作如下：

命令：_chamfer

（"修剪"模式）当前倒角距离 1 = 0.0000，距离 2 = 0.0000

选择第一条直线或 [放弃（U）/多段线（P）/距离（D）/角度（A）/修剪（T）/方式（E）/多个（M）]：d// 输入 d 回车

指定第一个倒角距离 <0.0000>：2// 指定第一个倒角距离 2 回车

指定第二个倒角距离 <1.0000>：2// 指定第一个倒角距离 2 回车

选择第一条直线或 [放弃（U）/多段线（P）/距离（D）/角度（A）/修剪（T）/方式（E）/多个（M）]：// 选择竖板左上角竖线

选择第二条直线，或按住Shift键选择要应用角点的直线：//选择竖板左上角横线

重复执行该命令一次，完成竖板右上角倒角，再画出主视图对应的线段。

绘制后的图形如图3-78所示。

（5）标注尺寸。

底板尺寸：40，24，8，18，28，$\phi 6$，$R6$。

竖板尺寸：20，12，5，30，20，$\phi 9$，$C2$。

总体尺寸：40，24，30。

标注后的尺寸如图3-69所示。

标注组合体（一）尺寸

（6）保存文件。

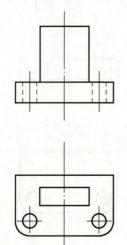

图3-76 竖板的主俯视图

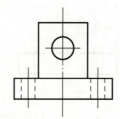

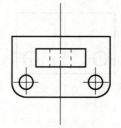

图3-77 竖板上的小孔

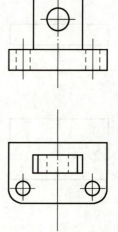

图3-78 竖板上端倒角

二、绘制组合体的三视图并标注尺寸（任务二）

1．尺寸分析

底板：62.4，52.8，14.4，50.4，28.8，$\phi 12$，$R12$。

竖板：14.4，9.6，41.2，43.2，$\phi 22.8$，$R21.6$。

肋板：31.2，12，28.8。

2．绘图步骤

（1）新建文件。

（2）新建图层。

新建图层　　绘制组合体（二）底板

中心线——细点画线；轮廓线——粗实线；不可见轮廓线——细虚线；尺寸标注线——细实线。

（3）绘制底板。

① 绘制底板的可见轮廓线（粗实线），注意先主后俯再左，绘制后的图形如

图 3-79 所示。

② 对底板俯视图倒圆角（粗实线），修改后的图形如图 3-80 所示。

③ 绘制底板上两个小孔的俯视图，绘制后的图形如图 3-81 所示。

④ 绘制底板上两个小孔的主视图，绘制后的图形如图 3-82 所示。

⑤ 绘制底板上两个小孔的左视图，绘制后的图形如图 3-83 所示。

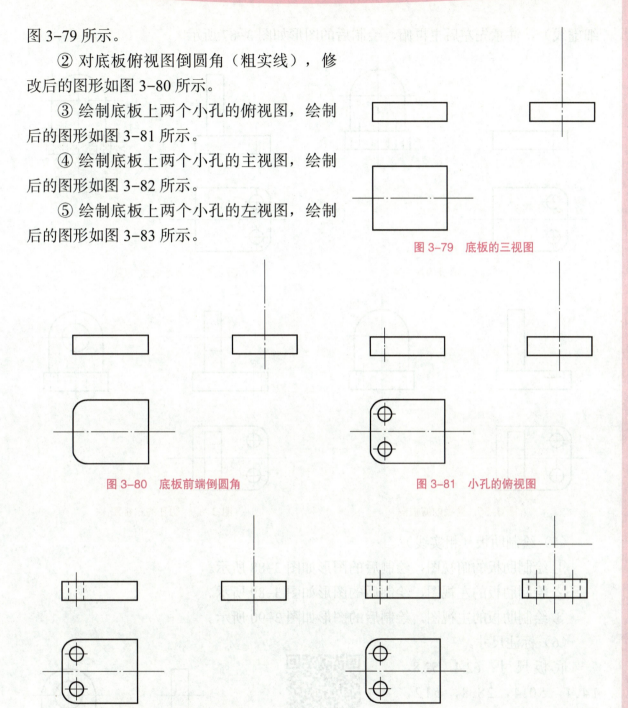

图 3-79　底板的三视图

图 3-80　底板前端倒圆角　　图 3-81　小孔的俯视图

图 3-82　小孔的主视图　　图 3-83　小孔的左视图

（4）绘制竖板。

1）绘制竖板的可见轮廓（粗实线）。

① 绘制竖板的左视图，绘制后的图形如图 3-84 所示。

② 绘制竖板的主视图，绘制后的图形如图 3-85 所示。

③ 绘制竖板的俯视图，绘制后的图形如图 3-86 所示。

2）绘制竖板上的圆孔（左视图——粗实线；主、俯视图——

绘制组合体（二）竖板

细虚线），注意先左后主再俯，绘制后的图形如图 3-87 所示。

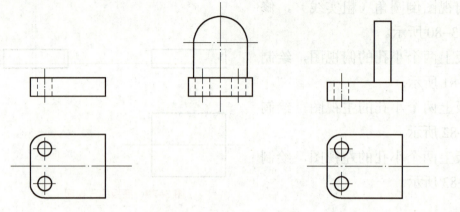

图 3-84　竖板的左视图　　　　图 3-85　竖板的主视图

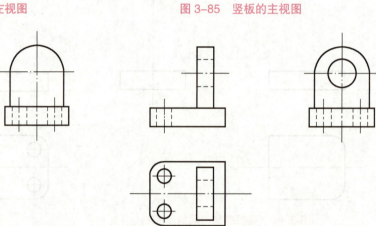

图 3-86　竖板的俯视图　　　　图 3-87　圆孔的三视图

（5）绘制肋板（粗实线）。

① 绘制肋板的俯视图，绘制后的图形如图 3-88 所示。

② 绘制肋板的左视图，绘制后的图形如图 3-89 所示。

③ 绘制肋板的主视图，绘制后的图形如图 3-90 所示。

（6）标注尺寸。

底板尺寸：62.4，52.8，14.4，50.4，28.8，$\phi 12$，$R12$。

竖板尺寸：14.4，9.6，41.2，43.2，$\phi 22.8$，$R21.6$。

肋板尺寸：31.2，12，28.8。

总体尺寸：62.4，52.8，43.2。

绘制组合体（二）肋板

标注组合体（二）尺寸

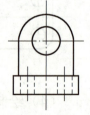

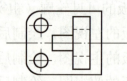

图 3-88　肋板的俯视图

标注后的尺寸如图3-70所示。

（7）保存文件。

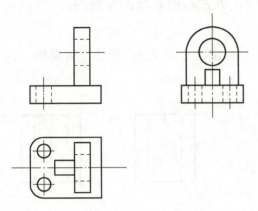

图3-89 肋板的左视图

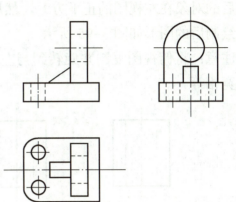

图3-90 肋板的主视图

三、绘制支座的三视图并标注尺寸（任务三）

1. 尺寸分析

底板：80，20，ϕ22，R22。

套筒：ϕ72，ϕ40，80。

凸台：48，28，ϕ44，ϕ24。

耳板：52，20，ϕ18，R16。

肋板：34，56，12。

2. 绘图步骤

（1）新建文件。

（2）新建图层。

中心线——细点画线；轮廓线——粗实线；不可见轮廓线——细虚线；尺寸标注线——细实线。

新建图层

绘制支座套筒

（3）绘制对称线——细点画线，绘制后的图形如图3-91所示。

（4）绘制套筒的三视图（先俯后主再左），绘制后的图形如图3-92所示。

（5）绘制底板的三视图（先俯后主再左）。

① 绘制底板的俯视图，绘制后的图形如图3-93所示。

② 绘制底板的主视图（注意主俯视图长对正），绘制后的图形如图3-94所示。

绘制支座底板

图3-91 绘制对称线

③ 绘制底板的左视图。

具体步骤：先复制整个俯视图到左视图的下方，再将其逆时针旋转90°（注意复制后的对象在左视图的正下方），然后根据对正方式画出底板的左视图。

绘制后的图形如图3-95所示。

注意：将俯视图复制并旋转到与左视图对正的位置，借助俯视图，实现俯、左视图宽相等。

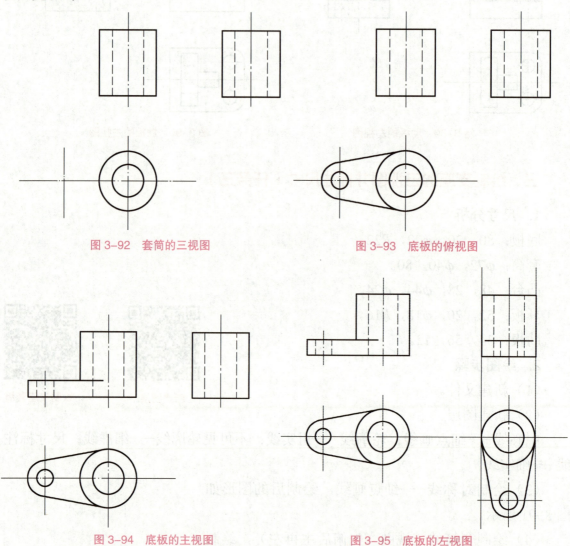

图3-92 套筒的三视图　　　　图3-93 底板的俯视图

图3-94 底板的主视图　　　　图3-95 底板的左视图

(6) 绘制耳板（先俯后主再左）。

① 绘制耳板的俯视图，绘制后的图形如图3-96所示。
② 绘制耳板的主视图，绘制后的图形如图3-97所示。
③ 绘制耳板的左视图，绘制后的图形如图3-98所示。

(7) 绘制凸台（先主后俯再左）。

① 绘制凸台的主视图，绘制后的图形如图3-99所示。
② 绘制凸台的俯视图，绘制后的图形如图3-100所示。

绘制支座耳板

③ 绘制凸台的左视图,绘制后的图形如图 3-101 所示。

④ 作耳板左视图的相贯线。

具体步骤:先复制整个俯视图到左视图的下方,再将其逆时针旋转 90°(注意复制后的对象在左视图的正下方),然后根据对正方式画出耳板左视图的相贯线,绘制后的图形如图 3-102 所示。

绘制支座凸台

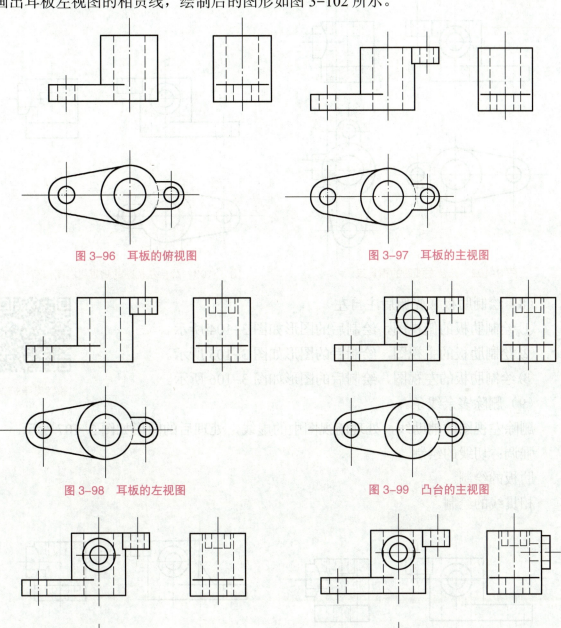

图 3-96　耳板的俯视图　　　　　　图 3-97　耳板的主视图

图 3-98　耳板的左视图　　　　　　图 3-99　凸台的主视图

图 3-100　凸台的俯视图　　　　　　图 3-101　凸台的左视图

最后将多余的辅助线删除。

注意：将俯视图复制并旋转到与左视图对正的位置，借助俯视图，实现俯、左视图宽相等。

⑤对凸台左视图的相贯线右侧进行修剪处理，修改后的图形如图3-103所示。

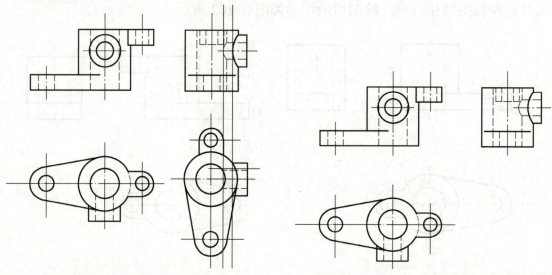

图3-102 凸台左视图的相贯线　　　　图3-103 凸台左视图的相贯线右侧修剪

（8）绘制肋板（先俯后主再左）。

①绘制肋板的俯视图，绘制后的图形如图3-104所示。

②绘制肋板的主视图，绘制后的图形如图3-105所示。

③绘制肋板的左视图，绘制后的图形如图3-106所示。

绘制支座肋板

（9）删除多余线条。

删除左视图的辅助线，处理俯视图中的虚线，处理后的图形如图3-107所示。

强调：切线的绘制。

肋板的绘制。

相贯线的绘制。

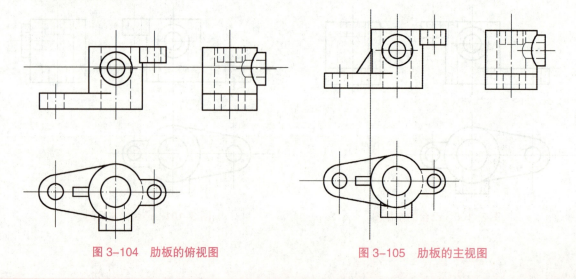

图3-104 肋板的俯视图　　　　图3-105 肋板的主视图

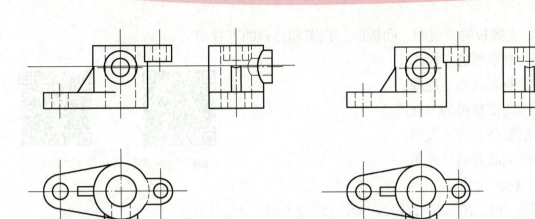

图 3-106　肋板的左视图　　　　　图 3-107　支座的完成图

（10）标注尺寸。

底板：80，20，22，R22。

套筒：ϕ72，ϕ40，80。

凸台：48，28，ϕ44，ϕ24。

耳板：52，20，ϕ18，R16。

肋板：34，56，12。

标注后的尺寸如图 3-71 所示。

（11）保存文件。

标注支座尺寸

※ 四、绘制轴承座的三视图并标注尺寸（任务四）

具体操作步骤省略，参考步骤如下。

1. 尺寸分析

底板：40，20，5，22，2，30，15，2×ϕ4，R5。

套筒：ϕ20，ϕ14，20，35。

凸台：ϕ6，ϕ10，48，10。

支承板：2，4。

肋板：4，12，14。

新建图层

2. 绘图步骤

（1）新建文件。

（2）新建图层。

中心线——细点画线；轮廓线——粗实线；不可见轮廓线——细虚线；尺寸标注线——细实线。

（3）绘制对称线——细点画线。

（4）绘制各部分的三视图。

按照形体分析方法分别绘制底板的三视图、套筒的

绘制轴承座底板　绘制轴承座套筒

第三单元 运用三视图 表达几何图形

三视图、支撑板的三视图、肋板的三视图和凸台的三视图。

① 绘制底板的三视图。
② 绘制套筒的三视图。
③ 绘制支撑板的三视图。
④ 绘制凸台的三视图。
⑤ 绘制肋板的三视图。

绘制轴承座支撑板

绘制轴承座凸台

（5）标注尺寸。

底板：40，20，5，22，2，30，15，2×ϕ4，R5。

套筒：ϕ20，ϕ14，20，35。

凸台：ϕ6，ϕ10，48，10。

支承板：2，4。

肋板：4，12，14。

绘制轴承座肋板

标注轴承座尺寸

完成后的图形如图 3-72 所示。

（6）保存文件。

※ 五、完成模块三中的任务一、任务二

（略）。

学习效果评价

1．以学生完成任务情况作为评分标准，并以此考查学生的理论知识和动手能力。
2．操作中增强学生的学习兴趣，实物教学与动画演示相结合。
3．要求学生在组内讨论的基础上独立完成工作任务，由教师对每位及每组同学的完成情况进行评价，并给出每位同学的成绩，具体评价内容、评分标准、分值及得分见表 3-7。

表 3-7　评价内容、评分标准、分值及得分

评价内容	评分标准	分值	得分
识读组合体视图情况	能正确识读组合体视图	10	
任务一	绘图步骤正确	20	
	绘图方法正确	20	
	能运用相关知识理解绘图方法	10	
任务二	绘图步骤正确	20	
	绘图方法正确	20	
	能运用相关知识理解绘图方法	20	
任务三	绘图步骤正确	20	
	绘图方法正确	20	
	能运用相关知识理解绘图方法	20	
图面质量	布局合理	10	
	图线符合国家标准要求	10	
职业素养	执行国家标准、遵守职业规范、工作态度认真	20	

第四单元　零件的表达

模块一　在机械图样中标注技术要求
模块二　识读并绘制轴类零件图形
模块三　识读并绘制盘类零件图形
模块四　识读叉架类零件图形
模块五　识读箱体类零件图形
模块六　运用 AutoCAD 绘制零件图

模块一　在机械图样中标注技术要求

学习目标

知识与技能目标：

1. 了解表面的概念，掌握表面结构的图形符号、代号在图样上的标注方法。
2. 掌握尺寸公差在图样上的标注方法。
3. 能在机械图样中标注常用几何公差代号。

素养目标：

引导学生正确认识社会价值和个人价值的关系，培养学生的家国情怀；要求学生严格贯彻、执行国家标准，养成在工作中遵守职业规范的习惯；培养学生严谨的工作作风；树立兢兢业业、精益求精的工匠意识。

工作任务

任务一：根据下述要求在图 4-1 所示的轴中标注表面粗糙度。

（1）ϕ48 mm 圆柱外表面用去除材料的方法得到的表面粗糙度 $Ra = 1.6$ μm，两侧面用去除材料方法得到的表面粗糙度 $Ra = 0.8$ μm。

（2）两处 ϕ18 mm 圆柱外表面用去除材料的方法得到的表面粗糙度 $Ra = 1.6$ μm。

（3）ϕ16 mm 圆柱外表面用去除材料的方法得到的表面粗糙度 $Ra = 3.2$ μm。

（4）键槽两侧面用去除材料的方法得到的表面粗糙度 $Ra = 6.3$ μm。

（5）其余表面用去除材料的方法得到的表面粗糙度 $Ra = 12.5$ μm。

任务二：在任务一的基础上根据下述要求标注尺寸公差。

（1）尺寸 ϕ48 mm 基本偏差代号为 f，公差等级为 7 级。

（2）两处尺寸 ϕ18 mm 基本偏差代号为 f，公差等级为 7 级。

（3）尺寸 30 mm 基本偏差代号为 f，公差等级为 7 级。

（4）尺寸 ϕ16 mm 基本偏差代号为 k，公差等级为 6 级。

（5）键槽宽度 5 mm 基本偏差代号为 N，公差等级为 9 级。

（6）键槽深度尺寸 14 mm 上偏差为 0，下偏差为 −0.1 mm。

任务三：在任务二的基础上根据下述要求标注几何公差。

（1）ϕ48f7 圆柱外表面圆柱度要求为 0.05 mm。

（2）φ48f7圆柱左端面相对于两处φ18f7圆柱轴线垂直度要求为0.015 mm。

（3）φ48f7圆柱轴线相对于两处φ18f7圆柱轴线同轴度要求为0.05 mm。

（4）右端φ18f7圆柱表面相对于两处φ18f7圆柱轴线圆跳动为0.015 mm。

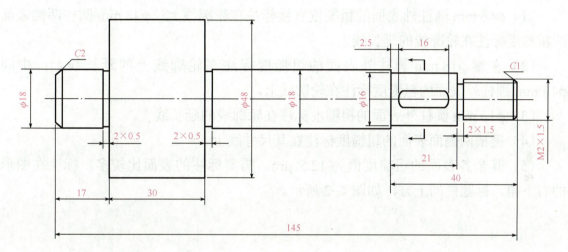

图4-1 轴

任务分析

完成工作任务所需要的知识点（教师讲解，详见相关知识部分）。

一、表面结构

（1）表面粗糙度。

（2）表面结构的图形符号。

（3）表面结构要求在图样中的注法。

（4）表面结构要求在图样中的简化注法。

二、尺寸公差

（1）给出尺寸基本偏差代号和公差等级的尺寸公差的表示方法。

（2）给出尺寸上、下偏差的尺寸公差的表示方法。

三、几何公差

（1）几何公差的表示。

（2）基准。

任务实施

一、标注表面结构要求（任务一）

（1）φ48 mm 圆柱外表面的粗糙度直接标注在轮廓线上；φ48 mm 圆柱两侧表面的粗糙度标注在轮廓线的延长线上。

（2）左端 φ18 mm 圆柱外表面的粗糙度标注在轮廓线上的延长线上；中间 φ18 mm 圆柱外表面的粗糙度标注在轮廓线上。

（3）φ16 mm 圆柱外表面的粗糙度标注在轮廓线的延长线上。

（4）键槽两侧面表面的粗糙度标注在其尺寸线上。

（5）其余各表面的粗糙度值为 12.5 μm，需要标注的表面比较多，标注在图形的右下角，标题栏的上方，如图 4-2 所示。

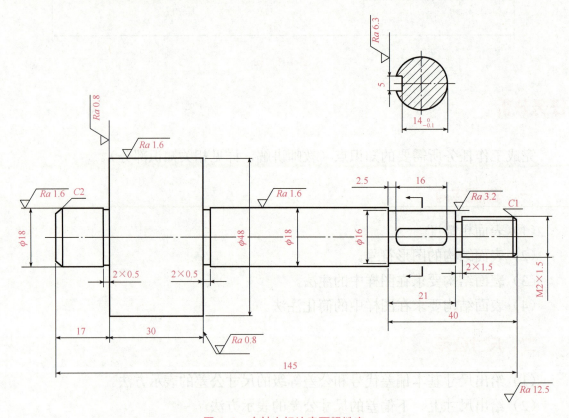

图 4-2　在轴上标注表面粗糙度

二、在轴上标注尺寸公差（任务二）

标注结果如图 4-3 所示。

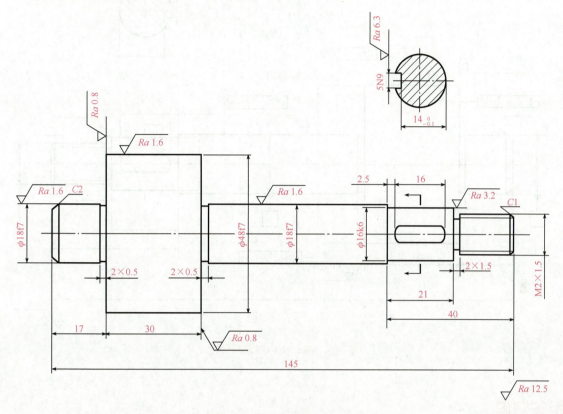

图 4-3　在轴上标注尺寸公差

三、在轴上标注几何公差（任务三）

（1）ϕ48f7 圆柱外表面圆柱度公差指引线直接指在 ϕ48f7 圆柱外表面上。

（2）在两处 ϕ18f7 的尺寸线的延长线上标注两基准符号 A、B，注意 A、B 两处表示基准的三角形分别与两处 ϕ18f7 圆柱尺寸线对齐；ϕ48f7 圆柱左端面相对于两处 ϕ18f7 圆柱轴线垂直度公差指引线指在 ϕ48f7 圆柱左端面上。

（3）ϕ48f7 圆柱轴线相对于两处 ϕ18f7 圆柱轴线同轴度公差指引线与 ϕ48f7 尺寸线对齐。

（4）右端 ϕ18f7 圆柱表面相对于两处 ϕ18f7 圆柱轴线圆跳动公差指引线直接指在右侧 ϕ18f7 圆柱外表面上，如图 4-4 所示。

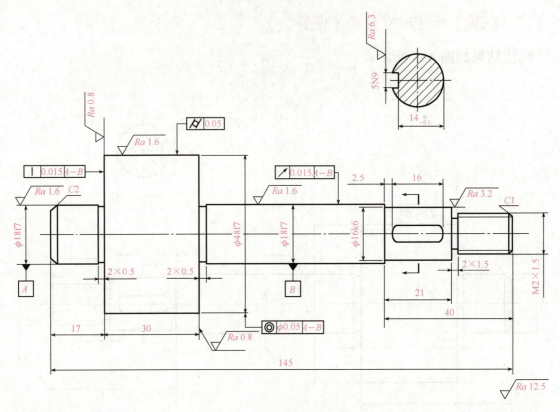

图 4-4 在轴上标注几何公差

相关知识

一、表面结构

表面结构是表面粗糙度、表面波纹度、表面缺陷、表面纹理和表面几何形状的总称。本节主要介绍常用的表面粗糙度的表示方法。

1. 表面粗糙度的概念

零件经过机械加工后的表面会留有许多高低不平的凸峰和凹谷，零件加工表面上具有的较小间距和峰谷所组成的微观几何形状特性称为表面粗糙度。

表面粗糙度对零件的配合性质、疲劳强度、抗腐蚀性和密封性等影响较大。

2、表面粗糙度的评定参数

零件图上表面粗糙度的评定参数常采用轮廓算术平均偏差 Ra 和轮廓的最大高度 Rz。

（1）算数平均偏差 Ra：在一个取样长度内，纵坐标 $z(x)$ 绝对值的算术平均值，如图 4-5 所示。

（2）轮廓的最大高度 Rz：在同一取样长度内，最大轮廓峰高与最大轮廓谷深之间的高度，如图 4-5 所示。

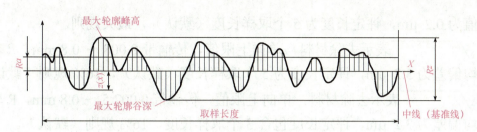

图 4-5 算数平均偏差 Ra 和轮廓的最大高度 Rz

3. 表面结构的图形符号

(1) 基本图形符号：未指定工艺方法的表面，当通过一个注释解释时可单独使用，如图 4-6 所示。

(2) 扩展图形符号：如图 4-7（a）所示，表示指定表面是用去除材料的方法获得，如通过机械加工获得的表面。如图 4-7（b）所示，表示指定表面是用不去除材料的方法获得。

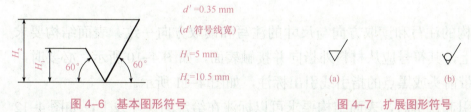

图 4-6 基本图形符号

图 4-7 扩展图形符号

（a）用去除材料方法获得；（b）用不去除材料方法获得

(3) 完整图形符号：当要求标注表面结构特征的补充信息时，用完整图形符号，如图 4-8 所示。

图 4-8 完整图形符号

(4) 表面结构要求在图形符号中的注写位置如图 4-9 所示。

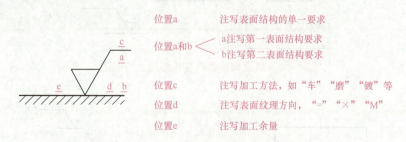

图 4-9 表面结构要求在图形符号中的注写位置

(5) 示例。

① $\sqrt{Ra\,0.8}$ 表示去除材料，单向上限值，默认传输带，R 轮廓，轮廓最大高度的最大值为 0.2 μm，评定长度为 5 个取样长度（默认），最大规则。

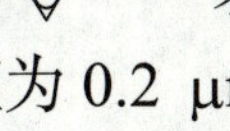

② $\sqrt{Rz\,\max\,0.2}$ 表示去除材料，单向上限值，默认传输带，R 轮廓，轮廓最大高度

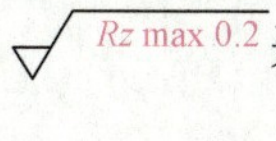

③ ✓$^{0.008-0.8/Ra\ 3.2}$ 表示去除材料，单向上限值，传输带 0.008～0.8 mm，R 轮廓，算术平均偏差为 3.2 μm，评定长度为 5 个取样长度（默认），16% 规则（默认）。

④ ✓$^{-0.8/Ra\ 3\ 3.2}$ 表示去除材料，单向上限值，传输带 0.002 5～0.8 mm，R 轮廓，算术平均偏差为 3.2 μm，评定长度包含 3 个取样长度，16% 规则（默认）。

⑤ ✓$^{U\ Ra\ max\ 3.2}_{L\ Ra\ 0.8}$ 表示不允许去除材料，双向极限值，两极限值均使用默认传输带，R 轮廓。上限值：算术平均偏差为 3.2 μm，评定长度为 5 个取样长度（默认），最大规则。下限值：算术平均偏差为 0.8 μm，评定长度为 5 个取样长度（默认），16% 规则（默认）。

4. 表面结构要求在图样中的注法

（1）表面结构要求对每一表面一般只标注一次，并尽可能标注在相应的尺寸及其公差的同一视图上。除非另有说明，否则所标注的表面结构要求是对完工零件表面的要求。

（2）表面结构的注写和读取方向与尺寸的注写和读取方向一致。表面结构要求可标注在轮廓线上，其符号应从材料外指向并接触表面，如图 4-10 所示。必要时，表面结构也可用带箭头或黑点的指引线引出标注，如图 4-11 所示。

（3）在不致引起误解时，表面结构要求可以标注在给定的尺寸线上，如图 4-12 所示。

（4）表面结构要求可标注在几何公差框格的上方，如图 4-13 所示。

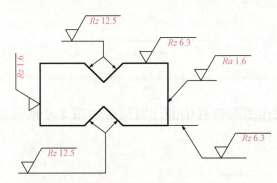

图 4-10 表面结构要求在轮廓线上的标注

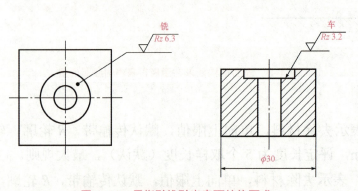

图 4-11 用指引线引出表面结构要求

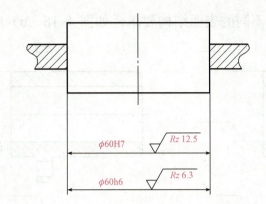

图 4-12　表面结构要求标注在尺寸线上

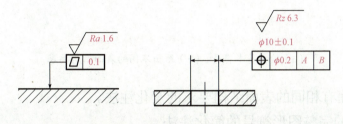

图 4-13　表面结构要求标注在几何公差框格的上方

（5）圆柱和棱柱的表面结构要求只标注一次，如图 4-14 所示。如果每个棱柱表面有不同的表面结构要求，则应分别单独标注，如图 4-15 所示。

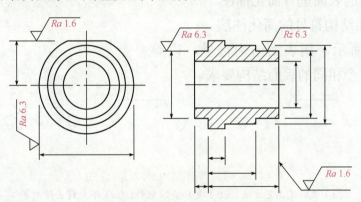

图 4-14　表面结构要求标注在圆柱特征的延长线上

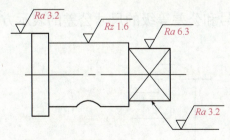

图 4-15　圆柱和棱柱的表面结构标法

5．表面结构要求在图样中的简化注法

（1）有相同的表面结构要求的简化注法。

① 在圆括号内给出无任何其他标注的基本符号，如图 4-16（a）所示。

② 在圆括号内给出不同的表面结构要求，如图 4-16（b）所示。

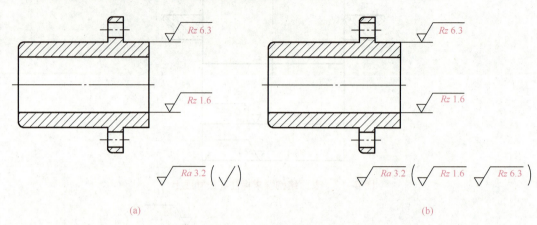

图 4-16　大多数表面有相同表面结构要求的简化注法
（a）绘出基本符号；（b）给出不同的表面结构要求

（2）多个表面有相同的表面结构要求的简化注法。

① 用带字母的完整图形符号的简化注法。

如图 4-17 所示，用带字母的完整图形符号，以等号的形式在图形或标题栏附近对有相同表面结构要求的表面进行简化标注。

② 只用表面结构符号的简化注法。

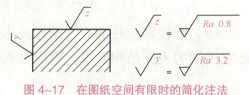

图 4-17　在图纸空间有限时的简化注法

如图 4-18 所示，用表面结构符号，以等号的形式给出多个相同的表面结构要求。

图 4-18　只用表面结构符号的简化注法
（a）未指定工艺方法；（b）要求去除材料；（c）不允许去除材料

二、尺寸公差

（1）尺寸基本偏差代号和公差等级的尺寸公差的表示方法如下：

$\phi 65\ k\ 6$

- 轴的公差带代号
- 公差等级数字
- 轴的基本偏差代号（小写）
- 轴的基本尺寸

（2）尺寸上、下偏差的尺寸公差的表示方法如下：

$62^{\ 0}_{-0.24}$

三、几何公差

1. 几何公差的表示

几何公差代号及其含义如图 4-19 所示。

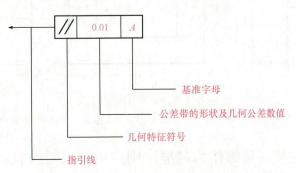

图 4-19　几何公差代号及其含义

2. 基准

基准用一个大写字母表示。基准字母标注在基准方格内，方框与一个涂黑或空白的三角形相连，如图 4-20（a）和图 4-20（b）所示，表示基准的字母还应标注在公差框格内。涂黑的和空白的基准三角形含义相同。

图 4-20　基准符号

（a）方框与涂黑三角形相连；（b）方框与空白三角形相连

当基准要素是轮廓线或轮廓面时，基准三角形放置在轮廓线或其延长线上（与尺寸线明显错开），如图 4-21（a）所示；基准三角形也可放置在该轮廓线面引出线的水平线上，如图 4-21（b）所示。

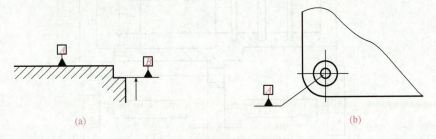

图 4-21　基准符号的标注（一）

（a）放置在轮廓线或其延长线上；（b）放置在引出线的水平线上

当基准是尺寸要素确定的轴线、中心平面或中心点时，基准三角形应放置在该尺寸线的延长线上，如图 4-22（a）所示；如果没有足够的位置标注基准要素尺寸的两个尺寸箭头，则其中一个箭头可用基准三角形代替，如图 4-22（b）和图 4-22（c）

第四单元 零件的表达

所示。

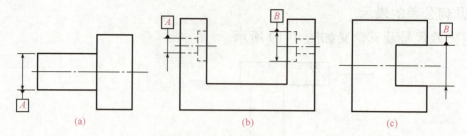

图 4-22 基准符号的标注（二）

（a）放置在尺寸线的延长线上；（b）、（c）用基准三角形代替其中一个箭头

如果只以要素的某一局部作为基准，则应用粗点画线表示出该部分并加注尺寸，如图 4-23 所示。

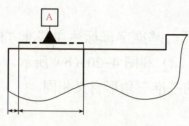

图 4-23 基准符号的标注（三）

四、拓展：识读图 4-24 中公差框格的含义

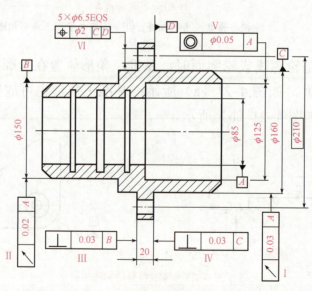

图 4-24 识读几何公差

（1）┌ 0.03 │ A ┐的含义：$\phi 160$ mm 圆柱外表面（被测要素）对 $\phi 85$ mm 圆柱孔轴线（基准要素）的径向圆跳动公差（公差项目）为 0.03 mm（公差值）。

（2）┌ 0.02 │ A ┐的含义：$\phi 150$ mm 圆柱外表面（被测要素）对 $\phi 85$ mm 圆柱孔

轴线（基准要素）的径向圆跳动公差（公差项目）为 0.02 mm（公差值）。

（3）⊥ 0.03 B 的含义：厚度为 20 mm 的安装板左端面（被测要素）对 ϕ150 mm 圆柱面轴线（基准要素）的垂直度公差（公差项目）为 0.03 mm（公差值）。

（4）⊥ 0.03 C 的含义：安装板右端面（被测要素）对 ϕ160 mm 圆柱面轴线（基准要素）的垂直度公差（公差项目）为 0.03 mm（公差值）。

（5）◎ ϕ0.05 A 的含义：ϕ125 mm 圆柱孔的轴线（被测要素）对 ϕ85 mm 圆柱孔轴线（基准要素）的同轴度公差（公差项目）为 ϕ0.05 mm（公差值）。

（6）⊕ ϕ0.2 C D 的含义：均布于 ϕ210 mm 圆周上的 5 个 6.5 mm 的孔（被测要素）对基准 C 和 D（基准要素）的位置度公差（公差项目）为 ϕ0.2 mm（公差值）。

学习效果评价

1．以学生完成任务情况作为评分标准，并以此考查学生的理论知识。

2．要求学生在组内讨论的基础上独立完成工作任务，由教师对每位及每组同学的完成情况进行评价，并给出每位同学的成绩，具体评价内容、评分标准、分值及得分见表 4-1。

表 4-1 评价内容、评分标准、分值及得分

评价内容	评分标准	分值	得分
任务一	能正确标注表面结构要求	75	
任务二	能正确标注尺寸公差代号	75	
任务三	能正确标注几何公差代号	75	
职业素养	执行国家标准、遵守职业规范、工作态度认真	25	

模块二　识读并绘制轴类零件图形

学习目标

知识与技能目标：

1．了解轴类零件的结构特点和表达方式。

2．学会识读轴类零件的方法，读懂零件图中所反映的加工信息。

3．理解剖视的概念，掌握画剖视图的方法和标注，掌握单一剖切面画局部剖视图的方法与标注方法。

第四单元 零件的表达

素养目标：

引导学生正确认识社会价值和个人价值的关系，培养学生的家国情怀；要求学生严格贯彻、执行国家标准；培养学生严谨的工作作风；树立踏实认真的职业精神。

工作任务

任务一：识读图4-25所示的传动轴的零件图。

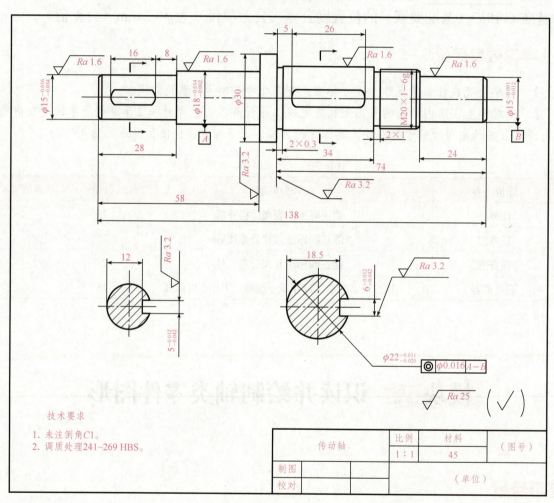

图4-25 传动轴

任务二：绘制图4-25所示的传动轴的零件图。

任务分析

完成工作任务所需要的知识点（教师讲解，详见相关知识部分）。

一、轴类零件表达方法的选用

（略）。

二、剖视图

（1）剖视图的概念。

（2）剖视图的种类。

① 全剖视图。

② 半剖视图。

② 局部剖视图。

三、断面图

（1）断面图的概念。

（2）断面图的种类。

① 移出断面图。

② 重合断面图。

四、局部放大图

（1）局部放大图的概念。

（2）局部放大图的画法及标注。

五、螺纹的基础知识与规定画法

（1）螺纹的概念。

（2）螺纹的结构要素。

（3）螺纹的规定画法（结合工作任务详细讲解）。

① 外螺纹的画法。

② 内螺纹的画法。

③ 内外螺纹连接的画法。

（4）螺纹的图样标注（结合工作任务详细讲解）。

任务实施

一、识读图 4-25 所示的传动轴的零件图（任务一）

1．读标题栏

由标题栏可知，该零件的名称是传动轴，材料是 45 钢，绘图比例为 1∶1。

2. 读视图，分析零件结构

轴类零件的基本形状是同轴回转体，主要在车床上加工。主视图按加工位置水平放置，采用一个基本视图加上一系列直径尺寸，就能表达它的主要形状。

由图可知，该零件图采用一个主视图和两个移出断面图来表达。主视图表达它的主要形状，两个移出断面图表达两个键槽的尺寸。由主视图可知，该阶梯轴的直径共有六段，在最左端 $\phi15$ 处和中间 $\phi22$ 处有两个键槽，右端有一 M20×1-6 g 的螺纹。此外轴上还有倒角、退刀槽等工艺结构。

3. 尺寸分析

根据设计要求，轴线为径向尺寸的主要基准，$\phi30$ 的轴颈右端面为该轴长度方向尺寸的主要基准。根据加工工艺要求确定轴的右端面为辅助基准，74 是主要基准与辅助基准的联系尺寸。左端键槽的定位尺寸为 8，右端键槽的定位尺寸为 5，轴的总长为 138。右端有一 M20×1-6 g 的外螺纹。

4. 看技术要求

（1）尺寸公差和表面粗糙度。

从图中可知，轴段上注有四个有极限偏差数值的尺寸，它们是保证配合质量的尺寸，其表面粗糙度均为 Ra1.6 μm。$\phi30$ 两端面和两个键槽的表面粗糙度均为 Ra3.2 μm，其余表面粗糙度为 Ra25 μm。

（2）几何公差。

由移出断面可知，$\phi22$ 的轴线与两端 $\phi18$ 和 $\phi15$ 的公共轴线有几何公差要求，其同轴度公差值为 $\phi0.016$。

（3）文字说明。

在文字说明中，要求该零件需经调质处理到 241～269 HBS。

二、绘制图 4-25 所示的传动轴的零件图（任务二）

1. 选择视图，确定表达方案

根据轴类零件的结构特点和主要工序的加工位置情况，一般选择轴线水平放置，因此可用一个基本视图——主视图表达它的整体结构形状。选择主视图投影方向时，考虑键槽的表达，选择正对键槽的位置为主视图的投影方向。

除了主视图外，还需两个移出断面图来进一步表示两个键槽的结构特征和尺寸。这两个移出断面图都放在主视图的下面。

2. 选择比例，确定图幅

根据零件总长尺寸 138 和所需标注的尺寸，选择使用 A4 幅面的图纸，选择 1∶1 的比例。

3. 布置视图

根据图幅的尺寸以及各视图每个方向上的最大尺寸和视图间要留的间隙，来确定每个视图的位置。视图间要留的空隙要保证标注尺寸后尚有适当的余地,并且要求布置均匀,不宜偏向一方。

4. 画底稿

(1)画基准线。

(2)根据尺寸画出主视图,如图4-26所示。

(3)根据尺寸画出左端键槽移出断面图,如图4-27所示。

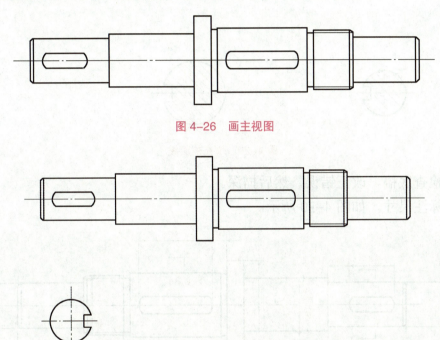

图4-26 画主视图

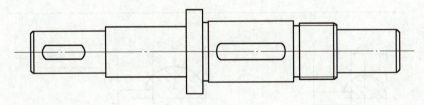

图4-27 画左端移出断面

(4)根据尺寸画出右端键槽移出断面图,如图4-28所示。

图4-28 画右端移出断面图

(5)填充剖面线,如图4-29所示。

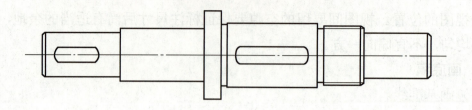

图 4-29 填充剖面线

(6) 检查底稿,改正错误,然后描深。

(7) 标注尺寸,如图 4-30 所示。

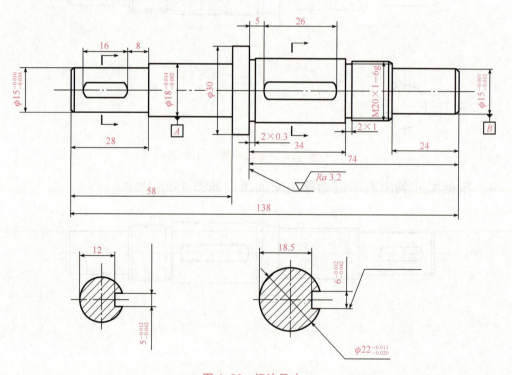

图 4-30 标注尺寸

(8) 标注表面粗糙度和几何公差,注写技术要求,如图 4-31 所示。

(9) 画标题栏,加深图框线。按照教学中推荐使用的简化的零件图标题栏尺寸画出标题栏,填写相关内容并加深外边框线,最后加深图幅的图框线。

(10) 再次检查,改正错误,完成全图,如图 4-25 所示。

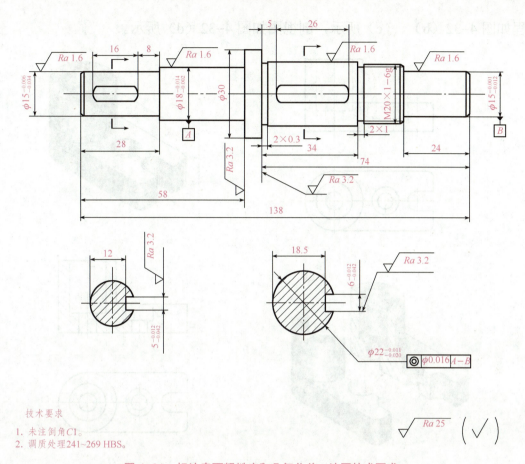

图 4-31　标注表面粗糙度和几何公差，注写技术要求

相关知识

一、轴类零件表达方法的选用

（1）轴类零件一般在车床和磨床上加工，为便于操作人员对照图样进行加工，通常按加工位置原则选择主视图的位置，即将轴类零件的轴线水平放置。

（2）一般只用一个完整的基本视图（主视图）即可把轴上各回转体的相对位置和主要形状表达清楚。

（3）常用局部视图、局部剖视图、断面图、局部放大图等补充表达主视图中尚未表达清楚的部分。

（4）对于形状简单而轴向尺寸较长的部分常断开后缩短绘制。

二、剖视图

1. 剖视图概念

假想用剖切面剖开机件，将处在观察者与剖切面之间的部分移去，将其余部分向投影面投射所得的图形，简称剖视图。视图如图 4-32（a）所示，剖视图的形成过程如图 4-32（b）、（c）所示，剖视图如图 4-32（d）所示。

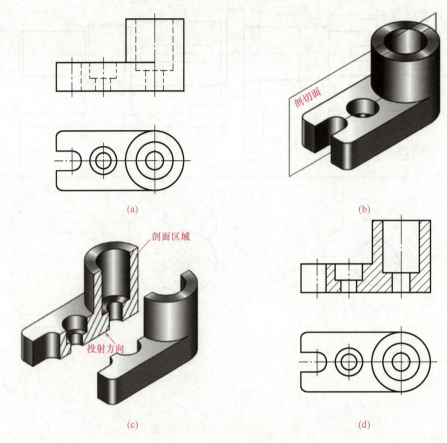

图 4-32　剖视图的形成
（a）视图；（b）、（c）形成过程；（d）剖视图

2. 注意事项

（1）剖切面：剖切被表达物体的假想面。

（2）剖面区域：假想用剖切面剖开机件，剖切面与物体的接触部分。

剖面区域一般应画出特定的剖面符号，物体材料不同，剖面符号也不相同。当不需要在剖面区域中表示材料的类别时，可采用通用剖面线表示，即互相平行的细实线。通用剖面线应以适当角度的细实线绘制，最好与主要轮廓或剖面区域的对称线成 45°角。同一物体的各个剖面区域，其剖面线画法应一致。相邻物体的剖面线必须以不同的斜向或不同的间隔画出。

（3）剖切线：指示剖切面位置的线（用细点画线）。

（4）剖切符号：指示剖切面起、迄和转折位置（用粗短画表示）及投影方向（用箭头或粗短画表示）的符号。

3. 绘制剖视图的注意事项

（1）剖切机件的剖切面必须垂直于相应的投影面。

（2）剖视图是假想用剖切面剖开机体，所以，当机件的一个视图画成剖视图之后，其他视图的完整性应不受影响，仍按完整的视图画出。

（3）在剖切面后方的可见部分应全部画出，不能遗漏，也不能多画。

（4）对于在剖视图上已经表达清楚的结构，其虚线可以省略不画，但如果仍有表达不清的部位，其虚线则不能省略，在没有剖切的视图上虚线的问题也按照同样的原则处理。

剖视图画法的常见错误如图 4-33 所示。

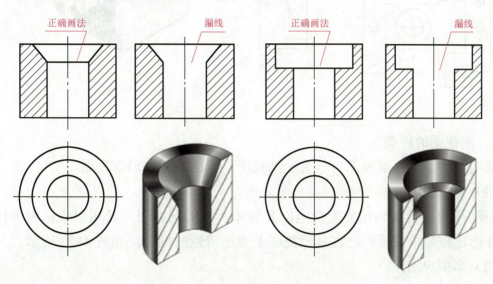

图 4-33 剖视图画法的常见错误

4. 剖视图的标注

为便于读图，剖视图应进行标注，以标明剖切位置和指示视图间的投影关系。

（1）三个要素。

① 剖切位置：用粗实线的短线段表示剖切面起、讫和转折位置。

② 投射方向：将箭头画在剖切位置线外侧指明投射方向。

③ 对应关系：将大写拉丁字母注写在剖切面起、讫和转折位置旁边，并在所对应的剖视图上方注写相同的字母。

（2）三种标注方法。

1）全标：三要素全部标出，这是基本规定，如图 4-34 中的 A—A。

2）不标：同时满足以下三个条件，三要素可不标注，如图 4-32（d）所示。

① 单一剖切平面通过机件的对称平面或基本对称平面剖切。

② 剖视图按投影关系配置。

③ 剖视图与相应视图间没有其他图形隔开。

3）省标：仅满足不标条件中的后两个条件，则可省略表示投射方向的箭头，如图 4-34 中的 B—B。

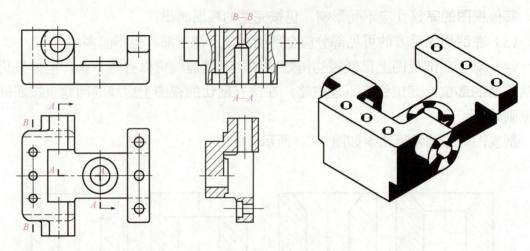

图 4-34　剖视图的配置和标注

5. 剖视图的种类

按剖切的范围，剖视图可分为全剖视图、半剖视图和局部视图。

（1）全剖视图。

全剖视图是指用剖切面完全地剖开物体所得的剖视图。其用以表达内形比较复杂、外形比较简单或外形已在其他视图上表达清楚的机件，如图 4-32 所示。

（2）半剖视图。

半剖视图是指当机件具有对称平面时，向垂直于对称平面的投影面上投射所得到的图形，可以以对称中心线为界，一半画成剖视，另一半画成视图，如图 4-35 所示。

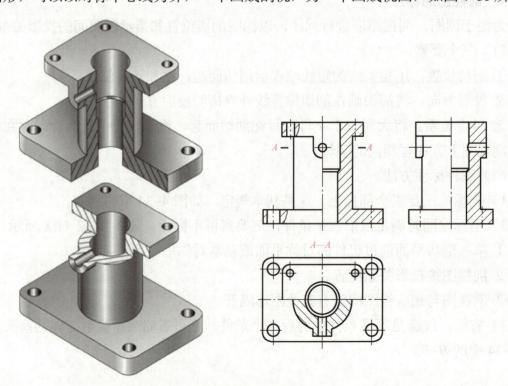

图 4-35　半剖视图

由于半剖视图既充分地表达了机件的内部形状，又保留了机件的外部形状，所以常采用它来表达内、外部形状都比较复杂的对称机件。当机件的形状接近于对称，且不对称的部分已另有图形表达清楚时，也可以画成半剖视图。

注意：

① 半个视图与半个剖视图的分界线用细点画线表示，不能画成粗实线。

② 机件的内部形状已在半剖视图中表达清楚，在另一半表达外形的视图中一般不再画出细虚线。

（3）局部剖视图。

局部剖视图是指用剖切面局部地剖开机件所得的剖视图，如图4-36所示。

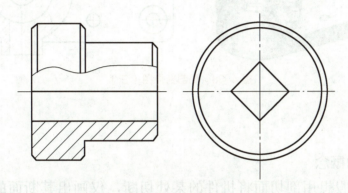

图4-36　局部剖视图（一）

注意：

① 局部剖视图可用波浪线分界，波浪线应画在机件的实体上，不能超出实体轮廓线，也不能画在机件的中空处，局部剖视图也可用双折线分界，如图4-37所示。

② 一个视图中，局部剖视的数量不宜过多，在不影响外形表达的情况下，可在较大范围内画成局部剖视，以减少局部剖视的数量，如图4-38所示。

③ 波浪线不应画在轮廓线的延长线上，也不能用轮廓线代替，或与图样上其他图线重合。

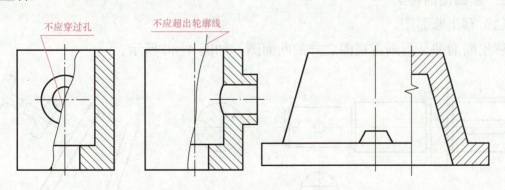

图4-37　局部剖视图（二）

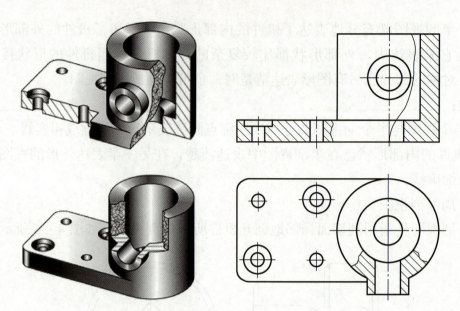

图 4-38 局部剖视图（三）

三、断面图

1. 断面图的概念

断面图是指假想用剖切面将机件的某处切断，仅画出其断面的图形，简称断面，如图 4-39 所示。

断面图与剖视图的区别及关系表现在：

（1）区别。

断面图只画出物体被切处的断面形状；剖视图除了画出物体断面形状之外，还应画出断面后的可见部分的投影。

（2）关系。

断面图通常用来表示物体上某一局部的断面形状。

2. 断面图的种类

（1）移出断面图。

移出断面图是指画在视图之外的断面图，如图 4-40 所示。

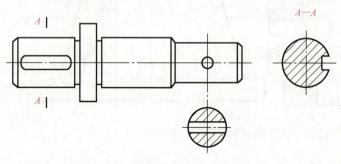

图 4-39 断面图

图 4-40 移出断面图

1）注意事项。

① 当剖切平面通过回转面形成的孔或凹坑的轴线，或通过非圆孔出现完全分离的断面时，这些结构按剖视图要求绘制，如图 4-41 所示。

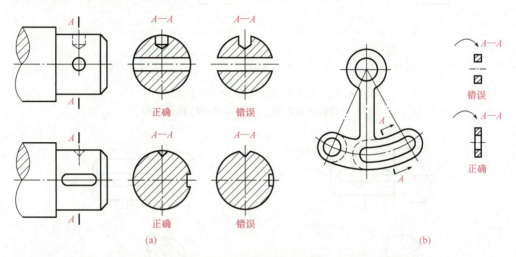

图 4-41 断面图的特殊画法

② 移出断面图的轮廓线用粗实线绘制。由两个或多个相交的剖切平面获得的移出断面，中间一般应断开，如图 4-40 所示。

2）移出断面图的配置与标注。

① 配置在剖切线或剖切符号延长线上时，对称的移出断面不必标注字母和剖切符号，不对称的移出断面不必标注字母，如图 4-42 所示。

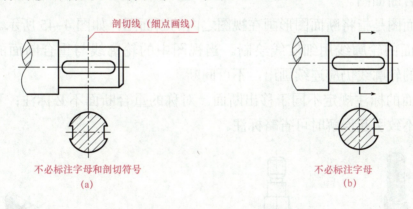

图 4-42 移出断面图的配置与标注（一）
（a）对称的移出断面；（b）不对称的移出断面

② 按投影关系配置时，不管移出断面是否对称，都不必标注箭头，如图 4-43 所示。

③ 配置在其他位置时，对称的移出断面不必标注箭头，不对称的移出断面应标注剖切符号（含箭头）和字母，如图 4-44 所示。

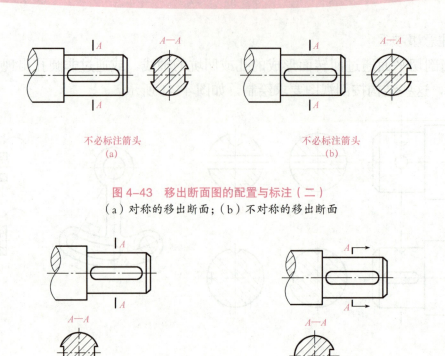

图 4-43 移出断面图的配置与标注（二）
（a）对称的移出断面；（b）不对称的移出断面

图 4-44 移出断面图的配置与标注（三）
（a）对称的移出断面；（b）不对称的移出断面

（2）重合断面图。

重合断面图是指将断面图形画在视图之内的断面图，如图 4-45 所示。

重合断面的轮廓线用细实线绘制。当视图中的轮廓线与重合断面的图形重叠时，视图中的轮廓线仍应连续画出，不可间断。

重合断面的标注规定不同于移出断面。对称的重合断面不必标注；不对称的重合断面，在不致引起误解时可省略标注。

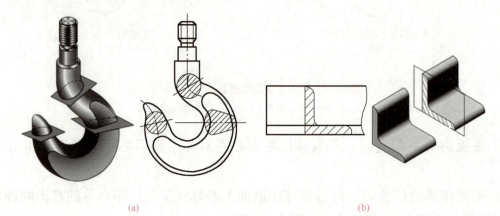

图 4-45 重合断面图
（a）对称的重合断面；（b）不对称的重合断面

四、局部放大图

1. 局部放大图的概念

局部放大图是指将机件的部分结构用大于原图形所采用的比例画出的图形。当机件某些细小结构的图形不清晰或不便于标注尺寸时，可采用局部放大图表示。

局部放大图应尽量配置在被放大部位的附近，如图 4-46 所示。

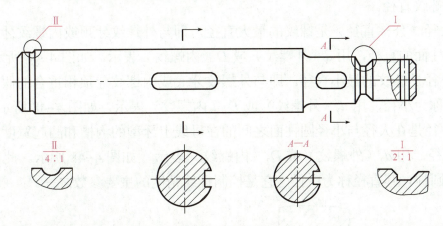

图 4-46 局部放大图

2. 局部放大图的画法及标注

（1）局部放大图可以画成视图、剖视图或断面图，被放大部分的表示方法与原图形无关。

（2）画局部放大图时，应在原图形上用细实线圈出被放大部分，并在相应的局部放大图上方注出采用的比例（局部放大图与实际机件的线性尺寸之比）。

（3）如果机件上有多处结构需局部放大，则应将需局部放大的各处用罗马数字顺序地编号，并在局部放大图的上方标注出相应的罗马数字和所采用的比例。在罗马数字和比例数字之间画一条水平的细实线，如图 4-46 所示。

五、螺纹的基础知识与规定画法

1. 螺纹的概念

螺纹是指在圆柱或圆锥表面上，沿螺旋线所形成的具有规定牙型的连续凸起。

在圆柱或圆锥外表面上形成的螺纹称为外螺纹，在圆柱或圆锥内表面上形成的螺纹称为内螺纹。

2. 螺纹的结构要素

（1）螺纹牙型

在通过螺纹轴线的断面上，螺纹的轮廓形状称为螺纹牙型。它有三角形、梯形、锯齿形和矩形等，如图 4-47 所示。不同的螺纹牙型有不同的用途。

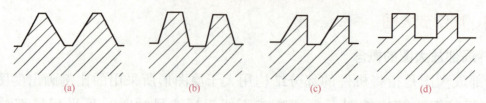

图 4-47　螺纹牙型

（a）三角形；（b）梯形；（c）锯齿形；（d）矩形

（2）螺纹直径。

① 大径（公称直径）是螺纹的最大直径，即与外螺纹牙顶或内螺纹牙底相重合的假想圆柱面的直径，用 d（外螺纹）或 D（内螺纹）表示，如图 4-48 所示。

② 小径是螺纹的最小直径，即与外螺纹牙底或内螺纹牙顶相重合的假想圆柱面的直径，称为小径，用 d_1（外螺纹）或 D_1（内螺纹）表示，如图 4-48 所示。

③ 中径是在大径与小径圆柱面之间的在母线上牙型的沟槽和凸起宽度相等假想圆柱的直径，用 d_2（外螺纹）或 D_2（内螺纹）表示，如图 4-48 所示。此假想圆柱称为中径圆柱，其直径称为中径。它是控制螺纹精度的主要参数之一。

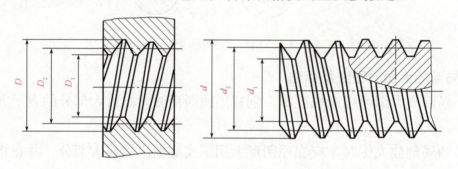

图 4-48　螺纹的大径、中径和小径

（3）螺纹线数（n）。

螺纹有单线螺纹（常用）和多线螺纹之分，沿一条螺旋线形成的螺纹为单线螺纹；沿轴向等距分布的两条或两条以上的螺旋线所形成的螺纹为多线螺纹，如图 4-49 所示。

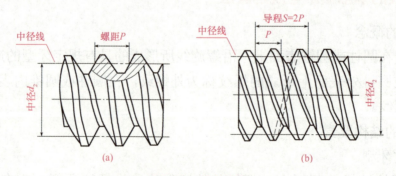

图 4-49　螺纹线数

（a）单线螺纹；（b）多线螺纹

（4）螺距（P）和导程（P_h）。

螺纹相邻两牙在中径线上对应两点间的轴向距离，称为螺距。同一条螺纹线上相邻两牙在中径线上对应两点间的轴向距离，称为导程，如图 4-49 所示，螺距和导程的关系：单线螺纹 $P = P_h$；多线螺纹 $P_h = nP$。

（5）旋向。

螺纹分右旋和左旋两种。顺时针旋转时旋入的螺纹，称为右旋螺纹；逆时针旋转时旋入的螺纹，称为左旋螺纹，如图 4-50 所示。

工程上常用右旋螺纹。只有牙型、直径、螺距、线数和旋向完全相同的内外螺纹，才能相互旋合。

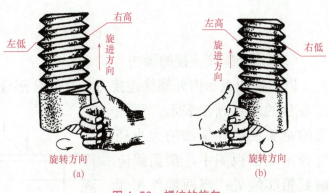

图 4-50　螺纹的旋向

（a）右旋螺纹；（b）左旋螺纹

3. 螺纹的规定画法

（1）外螺纹的画法。

外螺纹不论其牙型如何，螺纹的牙顶（大径）及螺纹终止线用粗实线表示，螺杆的倒角或倒圆部分也应画出；牙底（小径）用细实线表示。画图时小径尺寸近似地取 $d_1 \approx 0.85\ d$。在垂直于螺纹轴线投影面的视图中，表示牙底的圆用细实线只画 3/4 圈，此时倒角省略不画。画剖视图时螺纹终止线用一小段粗实线只画到小径处，剖面线应画到粗实线处，如图 4-51 所示。

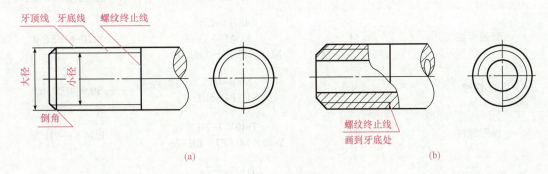

图 4-51　外螺纹的画法

（2）内螺纹的画法。

在剖视图中，小径用粗实线表示，大径用细实线表示；在投影为圆的视图上，表示大径圆用细实线只画约 3/4 圈，倒角圆省略不画，螺纹的终止线用粗实线表示，剖面线画到粗实线处。绘制不穿通的螺纹时应将螺纹孔和钻孔深度分别画出，一般钻孔应比螺纹孔深约 4 倍的螺距，钻孔底部的锥角应画成 120°，如图 4-52 所示。表示不可见螺纹的所有图线均用虚线表示。

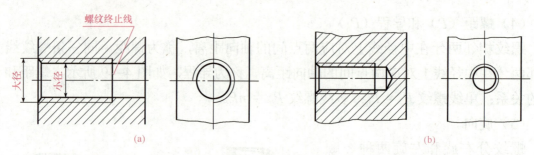

图 4-52 内螺纹的画法

（3）内外螺纹连接的画法。

以剖视图表示内外螺纹连接时，其旋合部分按外螺纹的画法表示，其余部分仍按各自的规定画法表示。要注意的是要使内外螺纹的大小径对齐。在剖视图中，剖面线应画到粗实线处；当两零件相邻接时，在同一剖视图中，其剖面线的倾斜方向相反或一致但间隔距离不同，如图 4-53 所示。

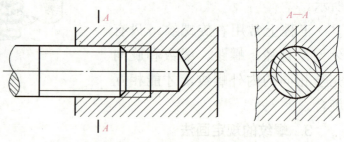

图 4-53 内外螺纹连接的画法

4. 螺纹的图样标注

螺纹按国标的规定画法画出后，图上并未标明牙型、公称直径、螺距、线数和旋向等要素，因此，需要用标注代号或标记的方式来说明，具体见表 4-2。

表 4-2 螺纹的图样标注

螺纹类别		特征代号	标记示例	螺纹副标记示例
普通螺纹		M	M8×1-LH M8 M16×Ph6P2-5g6g-L	M20-6H/5g6g
小螺纹		S	S0.8-4H5 S1.2LH-5h3	S0.9-4H5/5h3
梯形螺纹		Tr	Tr40×7-7H Tr40×14（P7）LH-7e	Tr36×6-7H/7c
锯齿形螺纹		B	B40×7-7a B40×14（P7）LH-8c-L	B40×7-7A/7c
55°非密封管螺纹		G	G11/2A G1/2-LH	G11/2A
55°密封管螺纹	圆锥外螺纹	R_1	$R_1$3	$R_p/R_1$3
	圆柱内螺纹	R_p	R_p1/2	
	圆锥外螺纹	R_2	$R_2$3/4	$R_c/R_2$3/4
	圆锥内螺纹	R_c	R_c11/2-LH	

（1）普通螺纹。

普通螺纹的牙型角为60°，有粗牙和细牙之分，即在相同的大径下，有几种不同规格的螺距，螺距最大的一种，为粗牙普通螺纹，其余为细牙普通螺纹。

螺纹代号：粗牙普通螺纹代号用牙型符号"M"及"公称直径"表示；细牙普通螺纹的代号用牙型符号"M"及"公称直径×螺距"表示。当螺纹为左旋时，用代号LH表示；右旋省略标注。

注意：

① 细牙螺纹的每一个公称直径对应着数个螺距，因此必须标出螺距值，而粗牙普通螺纹不标螺距值。

② 右旋螺纹不标注旋向代号，左旋螺纹则用LH表示。

③ 旋合长度分为长旋合长度L、中等旋合长度N和短旋合长度S三种，中等旋合长度N不标注。

④ 公差带代号中，前者为中径公差带代号，后者为顶径公差带代号，两者一致时则只标注一个公差带代号。内螺纹用大写字母，外螺纹用小写字母。

⑤ 内、外螺纹配合的公差带代号中，前者为内螺纹公差带代号，后者为外螺纹公差带代号，中间用"/"分开。

（2）梯形螺纹。

梯形螺纹用来传递动力，其牙型角为30°。

螺纹代号：梯形螺纹代号用牙型符号"Tr"及"公称直径"表示。当螺纹为左旋时，用代号LH表示；右旋省略标注。

注意：

① 单线螺纹只标注螺距，多线螺纹标注螺距和导程。

② 右旋螺纹不标注旋向代号，左旋螺纹用LH表示。

③ 旋合长度有长旋合长度L、中等旋合长度N两种，中等旋合长度N不标注。

④ 公差带代号中，螺纹只标注中径公差带代号。内螺纹用大写字母，外螺纹用小写字母。

⑤ 内、外螺纹配合的公差带代号中，前者为内螺纹公差带代号，后者为外螺纹公差带代号，中间用"/"分开。

在水管、油管、煤气管的管道连接中常用管螺纹，管螺纹分为非螺纹密封的内、外管螺纹（G）和用螺纹密封的管螺纹（R）。管螺纹应标注螺纹特征代号和尺寸代号；非螺纹密封的外管螺纹还应标注公差等级。

（3）标记形式：

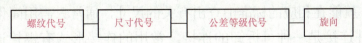

注意：

① 管螺纹尺寸代号不再称作公称直径，也不是螺纹本身的任何直径尺寸，只是一个无单位的代号。

② 管螺纹为英制细牙螺纹，其公称直径近似为管子的内孔直径，以英寸为单位。

③ 右旋螺纹不标注旋向代号，左旋螺纹则用 LH 表示。

④ 非螺纹密封管螺纹的外螺纹的公差等级有 A、B 两级，A 级精度较高；内螺纹的公差等级只有一个，故无公差等级代号。

⑤ 内、外螺纹配合在一起时，内、外螺纹的标注用"/"分开，前者为内螺纹的标注，后者为外螺纹的标注。

5. 螺纹的标注方法

（1）公称直径以 mm 为单位的螺纹，其标记应直接注在大径的尺寸线上或其引出线上，如图 4-54 所示。

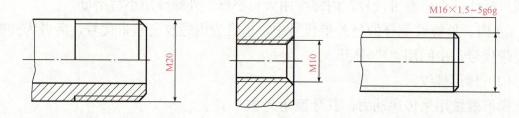

图 4-54　螺纹的标注（一）

（2）管螺纹的标记注在引出线上，引出线由大径处或对称中心处引出，如图 4-55 所示。

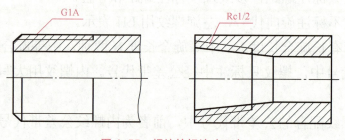

图 4-55　螺纹的标注（二）

6. 螺纹紧固件的画法及标记

（1）螺纹紧固件。

螺纹紧固件就是运用一对内、外螺纹的连接作用来连接紧固的一些零部件。常用的螺纹紧固件有螺钉、螺栓、螺柱（亦称双头螺柱）、螺母和垫圈等。根据螺纹紧固件的规定标记，就能在相应的标准中查出有关的尺寸，通常只需用简化画法画出。

螺纹紧固件连接是一种可拆卸的连接，常用的连接形式有螺栓连接、螺柱连接和螺钉连接等，如图 4-56 所示。

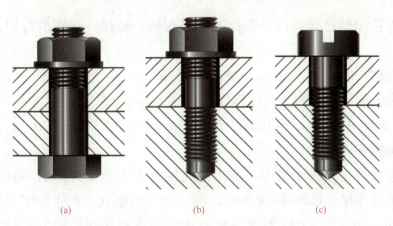

图 4-56 螺栓、螺柱、螺钉连接
（a）螺栓连接；（b）螺柱连接；（c）螺钉连接

（2）画图时应遵守的三条基本规定。

① 两零件的接触面只画一条线，不接触面必须画两条线。

② 在剖视图中，当剖切平面通过螺纹紧固件的轴线时，这些螺纹紧固件都按不剖处理，即只画外形，不画剖面线。

③ 两相邻的被连接件的剖面线方向应相反，必要时可以相同，但必须相互错开或间隔不一致。

（3）螺栓连接。

螺栓用来连接不太厚且又允许钻成通孔的零件。在被连接的零件上先加工出通孔，通孔直径略大于螺栓直径，一般为 1.1 d。将螺栓插入孔中垫上垫圈，旋紧螺母，螺栓连接的画法如图 4-57 所示。

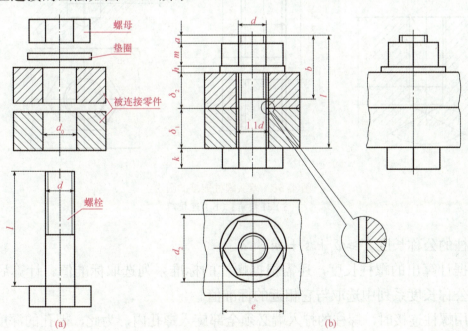

图 4-57 螺栓连接的简化画法
（a）连接前；（b）连接后

画螺栓连接图的已知条件是螺栓的型式规格、螺母、垫圈的标记，以及被连接件的厚度等。

螺栓的公称长度 $L \geqslant \delta_1 + \delta_2 + h + m + a$。

根据螺纹公称直径 d 按下列比例作图。

$b = 2d$，$h = 0.15d$，$m = 0.8d$，$a = 0.3d$，$k = 0.7d$，$e = 2d$，$d_2 = 2.2d$。

（4）双头螺柱连接。

当两个连接件中有一个较厚，加工通孔困难或因频繁拆卸而不宜采用螺钉连接时，一般用螺柱连接。如图 4-58 所示，δ_1 上加工成通孔，δ_2 上加工出螺纹孔，然后将双头螺柱的一端（旋入端）旋紧在螺孔内，再在双头螺柱的另一端（紧固端）套上带通孔的被连接件，加上垫片，拧紧螺母。螺孔深度与螺柱的旋入端 b_m 有关。用螺柱连接时，应根据螺孔件的材料选择螺柱的标准号，即确定 b_m 长度。钢：$b_m = d$；铸铁：$b_m = (1.25 \sim 1.5)d$；铝：$b_m = 2d$。

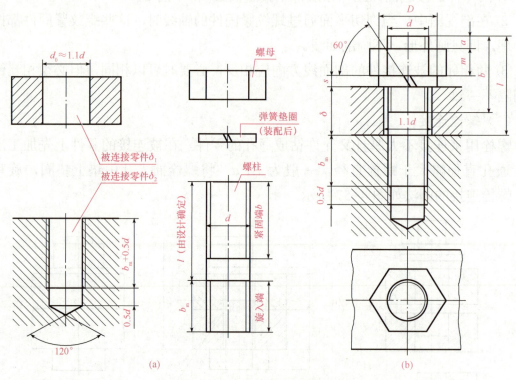

图 4-58 双头螺柱连接的画法

（a）连接前；（b）连接后

螺柱的公称长度 $L \geqslant \delta + s + m + a$。

根据计算出的螺柱长度，还需根据螺柱的标准系列选取标准值。计算后从相应的螺柱公称长度系列中选取与它相近的标准值。

采用螺柱连接时，螺柱的拧入端必须全部旋入螺孔内，为此，螺孔的深度应大于拧入端的长度，螺孔的深度一般取拧入深度（b_m）加两倍的螺距（P），即 $b_m + 2P$。

画螺柱连接图时，要注意以下几点：

① 连接图中，螺柱旋入端的螺纹终止线应与结合面平齐，表示旋入端全部拧入，足够拧紧。

② 弹簧垫圈用作防松，外径比普通垫圈小，以保证紧压在螺母底面范围内。弹簧垫圈开槽的方向应是阻止螺母松动的方向，在图中应画成与水平线成60°角上向左、下向右的两条线。

按比例作图时，取 $s = 0.15d$ [采用弹簧垫圈时 $s = 0.2d$，$m = 0.85d$，$a \approx (0.2 \sim 0.3d)$，$D = 1.5d$]。

（5）螺钉连接。

螺钉连接用于不经常拆卸，并且受力不大的零件。它的两个被连接件中较厚的零件加工出螺孔，较薄的零件加工出通孔，不用螺母，直接将螺钉穿过通孔拧入螺孔中。螺钉连接的简化画法如图 4-59 所示。

螺钉的公称长度 $L \geq \delta + b_m$。式中，b_m 的取值方式与螺柱连接相同。

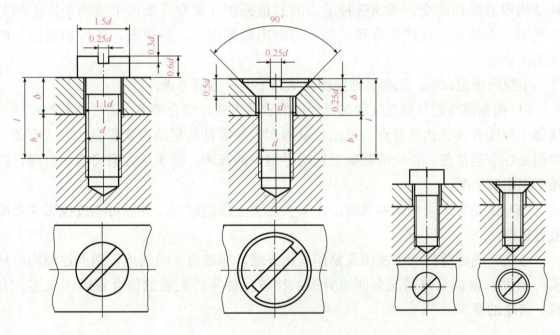

图 4-59 螺钉连接的画法

六、拓展：零件的视图表达及画法

1. 主视图选择

主视图是表达物体的核心视图，要使零件表达明确，看图方便，在选择主视图时，应综合考虑以下三个原则。

（1）形状特征原则。

选择的主视图应是最能反映零件各部分的形状特征及各组成部分相互位置关系

的视图。

（2）加工位置原则。

主视图的投射方向应尽量与零件主要的加工位置一致，这样在加工时就可以直接进行图物对照，既便于看图和测量尺寸，又可以减少差错。例如，轴套类零件的加工，多数工序是在车床或磨床上进行的，因此通常要按照加工位置画其主视图。

（3）工作位置原则。

选择的主视图，应考虑零件在机器上工作的位置。对于工作位置倾斜放置的零件，不便于绘图，应将零件放正。

综上所述，确定主视图要综合分析零件的形状特征、加工位置和工作位置等因素。

2. 其他视图的选择

一般情况下，仅有一个主视图是不能把零件的形状和结构表达完整的，还必须配合其他视图。其他视图是对主视图的补充，主视图确定后要分析还有哪些形状结构没有表达完全，考虑选择适当的其他视图（常常需要两个或两个以上的基本视图）来补充。连接部分和局部结构则用局部视图、斜视图、各种剖视图、断面图来表达。

主视图确定以后，选择其他视图应从以下两个方面考虑：

（1）根据零件的复杂程度和选择合理的表达方式，综合考虑所需要的其他视图，使每个视图有其表达的要点。视图数量的多少与零件的复杂程度和表达方式有关，原则是在表达清楚、正确的基础上选用尽量少的视图，使表达方案简洁、合理，以便于识图和绘图。

（2）优先考虑采用基本视图，在基本视图上作剖视图，并尽可能按投影关系配置各视图。

总之，确定零件的主视图及整体表达方案，应综合、灵活地运用上述原则。从实际出发，根据具体情况全面地分析、比较，使零件的表达符合正确、完整、合理、清晰的要求。

学习效果评价

1．以学生完成任务情况作为评分标准，并以此考查学生的理论知识和动手能力。

2．要求学生在组内讨论的基础上独立完成工作任务，由教师对每位及每组同学的完成情况进行评价，并给出每位同学的成绩，具体评价内容、评分标准、分值及得分见表 4-3。

表 4-3 评价内容、评分标准、分值及得分

评价内容	评分标准	分值	得分
任务一：识读零件情况	能读懂零件的结构特点和表达方式	20	
	能读懂零件的尺寸	20	
	能读懂零件的技术要求	20	
任务二：绘制零件图	绘图步骤正确	10	
	绘图方法正确	10	
	标题栏绘制正确	10	
	尺寸标注合理	10	
	技术要求标注正确	10	
	能运用相关知识理解绘图方法	10	
图面质量	布局合理	20	
	图线符合国家标准要求		
	图面整洁		
职业素养	执行国家标准、遵守职业规范、工作态度认真	20	

模块三　识读并绘制盘类零件图形

学习目标

知识与技能目标：
1. 掌握识读并绘制盘类零件图的方法和步骤。
2. 了解盘类零件的结构特点和表达方法。
3. 了解盘类零件的尺寸注法和技术要求。

素养目标：
培养学生自尊自信、理性平和、积极向上的良好心态。

工作任务

任务一：识读图 4-60 所示的端盖图形。
任务二：绘制图 4-60 所示的端盖图形。

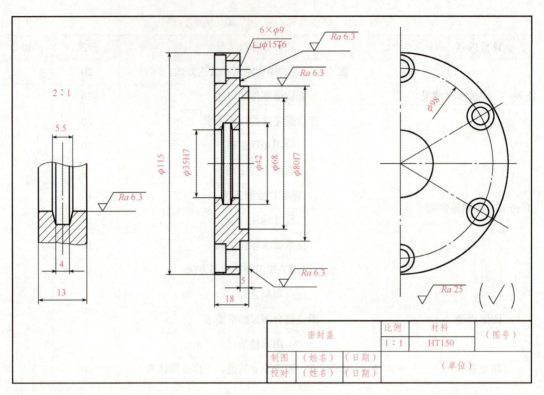

图 4-60 端盖

任务分析

完成工作任务所需要的知识点（详见相关知识部分）。

一、剖视图中剖切面的种类

（1）单一剖切平面。
（2）几个平行的剖切平面。
（3）几个相交的剖切平面。

二、盘类零件的基本知识

（1）盘类零件的用途。
（2）盘类零件的结构特点。
（3）盘类零件的表达方法。
（4）盘类零件的尺寸标注。
（5）盘类零件的技术要求。

任务实施

一、识读标题栏

该零件的名称是密封盖，绘图的比例是 1：1，材料是 HT150。

二、分析表达方案

端盖零件图共用了三个图形，图形的名称是主视图、左视图和局部放大图。主视图采用了全剖视的表达方法，轴线水平放置，主要表达密封盖的结构尺寸要求；左视图采用的是简化画法，主要表达密封盖的端面形状尺寸和沉孔的分布情况；密封槽采用了局部放大图的表达方法，比例为 2：1。

三、分析形体

密封盖是回转体，主要有同轴的两段圆柱直径和一段内孔直径，分别是 ϕ115 的外缘直径、ϕ80f7 的凸缘直径和 ϕ35H7 的通孔直径。在密封盖端面有按圆周均匀分布的六个沉孔。沉孔的小孔直径为 9 mm，大孔直径为 15 mm，深 6 mm。

四、尺寸分析

端盖同轴圆的径向基准是公共轴心线，它是尺寸 ϕ115，ϕ35H7，ϕ42，ϕ68，ϕ80f7，ϕ98 的标注起点。端盖厚度基准面是主视图的右侧 ϕ89f7 的右端面，它是尺寸 5，18 的标注起点。为了便于测量，密封槽的尺寸 5.5，4，13 直接标出。

五、分析技术要求

从图 4-60 所示的标注来看，尺寸精度要求较高的是 ϕ35H7 的通孔和 ϕ80f7 的圆。密封盖共有三种表面粗糙度要求，分别是 ϕ35H7 的孔的 Ra3.2 μm、右端两端面和 ϕ80f7 外圆柱面的 Ra6.3 μm 及其余表面的 Ra25 μm。由此可知，密封盖的表面粗糙度要求不高。

相关知识

一、剖视图中剖切面的种类

根据机件内部结构形状的复杂程度，常选用不同数量和位置的剖切面来剖开机件，把机件的内部形状表达清楚，国家标准规定的剖切面有单一剖切平面、几个平行的剖切平面、几个相交的剖切平面（交线垂直于某一投影面）。

1. 单一剖切平面

（1）平行于基本投影面的单一剖切平面。全剖视图、半剖视图和局部剖视图都

第四单元 零件的表达

是平行于基本投影面的单一剖切平面剖开机件而得到的剖视图。

（2）不平行于基本投影面的单一剖切平面，如图4-61所示，这种剖视图一般应与倾斜部分保持投影关系，但也可配置在其他位置。

2. 几个平行的剖切平面

这种剖切平面可以用来剖切表达位于几个平行平面上的机件内部结构，如图4-62（a）所示。

注意：

（1）必须在相应视图上用剖切符号表示剖切位置，在剖切平面的起、讫和转折处注写相同字母，如图4-62（b）所示。

（2）因为剖切平面是假想的，所以不应画出剖切平面转折处的投影，如图4-62（c）所示。

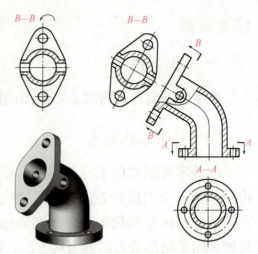

图4-61 单一剖切面

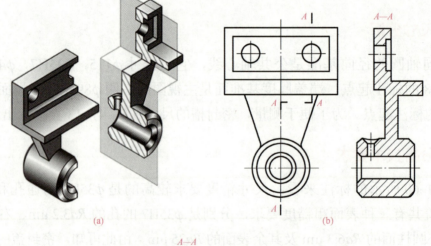

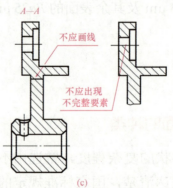

图4-62 两个平行的剖切平面

（a）机体内部结构；（b）标注剖切符号；（c）不应画出剖切平面转折处投影和不完整结构要素

（3）剖视图中不应出现不完整结构要素，如图4-62（c）所示。但当两个要素在图形上具有公共对称中心线或轴线时，可各画一半，此时应以对称中心线或轴线为界，如图4-63所示。

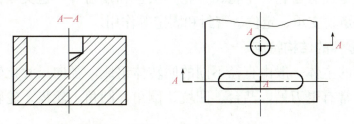

图4-63　两个要素在图形上具有公共对称中心线或轴线

3. 几个相交的剖切平面

如果机件的内部结构分布在几个相交的平面上，可以用几个相交的剖切平面剖开机件，如图4-64所示。

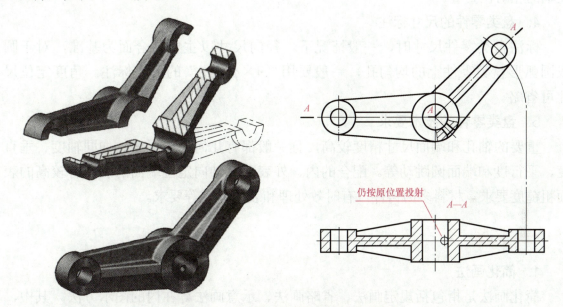

图4-64　用相交的剖切面剖切时的剖视图

注意：

（1）相邻两剖切平面的交线应垂直于某一投影面。

（2）用几个相交的剖切面剖开机件绘图时，应先剖开后旋转再投射，要将倾斜剖切平面所剖到的结构旋转至与某一选定的投影面平行后再投射。此时旋转部分的某些结构与原图形不再保持投影关系，机件中倾斜部分的剖视图如图4-64所示。但是位于剖切面后的其他结果一般仍应按原来位置投影，如图4-64中剖切平面后的小圆孔。

（3）采用这种剖切平面剖切后，应对剖视图加以标注。剖切符号的起始、终点及转折处用相同字母标出。

二、盘类零件的基本知识

1. 盘类零件的用途

常用盘类零件有齿轮、手轮、带轮、法兰和端盖等。这类零件在机器或部件中主要起传递转矩、支承、定位、密封和固定等作用。

2. 盘类零件的结构特点

盘类零件的主体一般由直径不同的回转体组成，径向尺寸比轴向尺寸大。在盘类零件上，通常有退刀槽、凸台、凹坑、倒角、圆角、轮齿、轮辐、肋板、螺孔和键槽等结构。

3. 盘类零件的表达方法

盘类零件常用两个基本视图表达，主视图按加工位置原则，轴线水平放置，通常采用全剖视图表达内部结构，另一个视图表达外形轮廓和其他结构，如孔、肋、轮辐的相对位置等。

4. 盘类零件的尺寸标注

标注盘类零件尺寸时，一般情况下，径向尺寸以主要结合面为基准，对于圆或圆弧形盘类零件上的均匀孔，一般要用"$n×\phi\text{EQS}$"的形式标注。角度定位尺寸可省略。

5. 盘类零件的技术要求

重要的轴孔和端面尺寸精度较高，且一般都有几何公差要求，如同轴度、垂直度、平行度和端面圆跳动等。配合的内、外表面及轴向定位端面的表面有较高的表面粗糙度要求，材料多为铸件，有时效处理和表面处理等要求。

三、拓展

1. 简化画法

简化画法是指包括规定画法、省略画法、示意画法等在内的图示方法。其中，规定画法是对标准中规定的某些特定的表达对象所采用的特殊图示方法，如机械图样中对螺纹、齿轮的表达；省略画法是通过省略重复投射、重复要素、重复图形等使图样简化的图示方法，本节所介绍的简化画法多为省略画法；示意画法是用规定符号、较形象的图线绘制图样的示意性图示方法，如滚动轴承、弹簧的示意画法等。下面介绍国家标准中规定的几种常用简化画法。

（1）相同结构要素的简化画法。

当机件具有若干相同结构（齿、槽等），并按照一定规律分布时，只需要画出几个完整的结构，其余用细实线连接，但在零件图中则必须注明该结构的总数。

（2）对称机件的简化画法。

在不致引起误解的情况下，对称机件的视图可只画一半或四分之一，并在对称中心线的两端画出两条与其垂直的平行细实线。

（3）多孔机件的简化画法。

对于机件上若干直径相同且成规律分布的孔（圆孔、螺孔、沉孔等），可以仅画出一个或几个，其余用点画线表示其中心位置，但在零件图上应注明孔的总数。

（4）网状物及滚花的示意画法。

网状物、编织物或机件上的滚花部分，可在轮廓线附近用细实线示意画出，并在零件图上或技术要求中注明这些结构的具体要求。

（5）平面的表达方法。

当图形不能充分表达平面时，可用平面符号（两相交细实线）表示。

（6）移出断面图的简化画法。

在不致引起误解的情况下，零件图中的移出断面图，允许省略剖面符号，但必须按标准规定标注。

（7）细小结构的省略画法。

机件上较小的结构，如在一个视图上已表达清楚时，其他视图可简化或省略。

（8）局部视图的简化画法。

零件上对称结构的局部视图可按一半绘制。

（9）折线画法。

当机件较长（如轴、杆、型材等），沿长度方向的形状一致或按一定规律变化时，可断开后缩短绘制。采用这种画法时，尺寸应按原长标注。

2. 尺寸与尺寸公差

（1）公称尺寸。

公称尺寸是指由设计确定的尺寸。

（2）实际尺寸。

实际尺寸是指通过测量获得的尺寸。

（3）极限尺寸。

允许零件尺寸变化的两个界限值称为极限尺寸，分最大极限尺寸和最小极限尺寸。

（4）尺寸偏差。

某一尺寸减其基本尺寸所得的代数差称为尺寸偏差，简称偏差。最大极限尺寸减其公称尺寸所得的代数差称为上极限偏差，孔、轴的上极限偏差分别用 ES 和 es 表示；最小极限尺寸减其公称尺寸所得的代数差称为下极限偏差，孔、轴的下极限偏差分别用 EI 和 ei 表示。

（5）尺寸公差。

允许尺寸的变动量称为尺寸公差，简称公差。

公差＝最大极限尺寸－最小极限尺寸＝上极限偏差－下极限偏差

公差是一个没有正负号的绝对值。

（6）公差带。

由代表上、下偏差的两条线所限定的一个区域称为公差带。

公差带包括了"公差带大小"与"公差带位置"。国标规定，公差带大小和公差带位置分别由标准公差和基本偏差来确定。

（7）标准公差。

由国家标准所列的，用以确定公差带大小的公差称为标准公差，用"IT"表示，共分 20 个等级。

（8）基本偏差。

用以确定公差带相对于零线位置的那个极限偏差称为基本偏差。它可以是上极限偏差或下极限偏差，一般是指靠近零线的那个偏差。

四、几何公差

几何公差包括形状和位置公差，旧称形位公差，是零件要素（点、线、面）的实际形状和实际位置对理想形状和理想位置的允许变动量。

几何公差的项目和符号见表 4-4。

表 4-4　几何公差的项目和符号

公差类型	几何特征	符号	有无基准	公差类型	几何特征	符号	有无基础
形状公差	直线度	—	无	位置公差	位置度	⊕	有
	平面度	▱	无		同心度（用于中心度）	◎	有
	圆度	○	无		同轴度（用于轴线）	◎	有
	圆柱度	⌀	无		对称度	═	有
	线轮廓度	⌒	无		线轮廓度	⌒	有
	面轮廓度	⌒	无		面轮廓度	⌒	有
方向公差	平行度	∥	有	跳动公差	圆跳动	↗	有
	垂直度	⊥	有		全跳动	↗↗	有
	倾斜度	∠	有				
	线轮廓度	⌒	有				
	面轮廓度	⌒	有				

学习效果评价

1．以学生完成任务情况作为评分标准，并以此考查学生的理论知识和动手能力。
2．要求学生在组内讨论的基础上独立完成工作任务，由教师对每位及每组同学的完成情况进行评价，并给出每位同学的成绩，具体评价内容、评分标准、分值及得分见表4-5。

表4-5 评价内容、评分标准、分值及得分

评价内容	评分标准	分值	得分
识读零件图	能读懂零件图的表达方法	30	
	能读懂表面结构要求的含义	30	
	能读懂尺寸公差的含义	20	
图面质量	图线符合国家标准要求	10	
	图形准确，布局合理	40	
	尺寸标注正确，图面整洁	30	
职业素养	执行国家标准、遵守职业规范、工作态度认真	20	

模块四　识读叉架类零件图形

学习目标

知识与技能目标：
1．学会叉架类零件图的识读方法。
2．了解叉架类零件的结构特点。
3．了解叉架类零件的尺寸注法。
4．了解叉架类零件的技术要求。

素养目标：
培养学生灵活应对困难和挫折，适应社会变化的能力。

工作任务

任务一：识读图4-65所示的支架零件图。
※任务二：绘制图4-65所示的支架零件图。

任务分析

完成工作任务所需要的知识点（结合工作任务讲解）。

（1）叉架类零件的结构特点（详见相关知识部分）。

（2）叉架类零件图的识读方法。

（3）叉架类零件的尺寸注法。

（4）叉架类零件的技术要求。

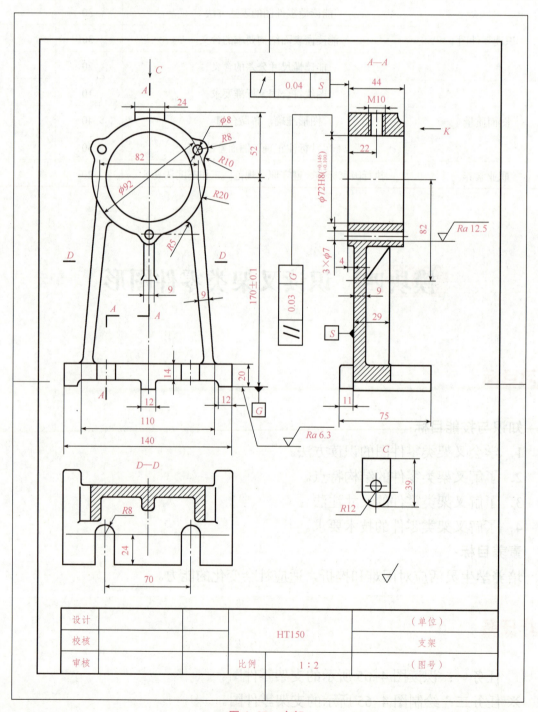

图4-65 支架

任务实施

一、读标题栏

由标题栏可知零件的名称为支架，主要起支撑作用。材料为灰铸铁 HT150，绘图的比例为 1:2。

二、视图分析

该零件用一个基本视图（主视图）、两个全剖视图（俯视图、左视图）和一个局部视图共四个图形表达。

主视图按照工作位置进行投影，使主视图能较好地反映零件的加工位置，以突出支架的形体结构特征，并能较明显地反映该零件各部分结构形状和相对位置。

俯视图是用一个剖切平面剖切的全剖视图，突出了肋板的剖面形状和底板形状；左视图是采用两个平行的剖切平面剖切的全剖视图，表达了支承套筒、支撑肋板、底板的相互位置关系和零件的大部分结构形状。

C 向局部视图主要表达凸台的形状及螺孔的位置。

从视图中可以看出，支架的结构分为上、中、下三部分：上方为带孔的圆柱体，其上面有安装油杯的凸台和安装端盖的螺孔；中间为带有加强肋的连接板，结构对称；底部为带安装孔和槽的底板，为使底面接触良好和减少加工面，底面做成凹坑结构。

三、分析形体和尺寸

叉架类零件常以主要轴线、对称平面、安装基面或较大端面作为尺寸的主要基准。该零件从设计及工艺方面考虑，应以支架的底面作为高度方向的尺寸基准，它是标注底板高度 20，支撑套筒的定位尺寸 170±0.1 等尺寸的起点；支架左右结构对称，即选对称面作为长度方向尺寸基准，它是标注底板尺寸 140,110 等尺寸的起点；以后端面作为宽度方向的基准，它是标注顶部凸台小孔的定位尺寸 22 的起点。

四、分析技术要求

由图可知，公差尺寸有一个，几何公差有两个，表面粗糙度值有两个。

相关知识

支架类零件的结构特点如下：

支架类零件主要用来操纵、调节连接、支承，包括拨叉、摇臂、杠杆、连杆、支架和拉杆等。这类零件的毛坯形状较为复杂，多为铸件或锻件，因而具有圆角、凸台、凹坑等常见结构，且需要经过多种机械加工。此类零件通常由三部分组成：工作部分，传递预定动作；支承部分，支承或安装固定零件自身；连接部分，连接零件自身的工作部分和支承部分。

学习效果评价

1. 以学生完成任务情况作为评分标准，并以此考查学生的理论知识。
2. 要求学生在组内讨论的基础上独立完成工作任务，由教师对每位及每组同学的完成情况进行评价，并给出每位同学的成绩，具体评价内容、评分标准、分值及得分见表 4-6。

表 4-6 评价内容、评分标准、分值及得分

评价内容	评分标准	分值	得分
识读零件图	能读懂零件图的表达方法	20	
	能读懂表面结构要求的含义	20	
	能读懂尺寸公差的含义	20	
	能读懂几何公差的含义	20	
职业素养	执行国家标准、遵守职业规范、工作态度认真	20	

模块五　识读箱体类零件图形

学习目标

知识与技能目标：

1. 学会识读箱体类零件图的方法和步骤。
2. 了解箱体类零件的结构特点和表达方法。
3. 了解箱体类零件的尺寸标注和技术要求。

素养目标：

培养学生的积极进取、自信自律、意志坚韧的品格。

工作任务

任务：识读图 4-66 所示蜗杆箱体零件图。

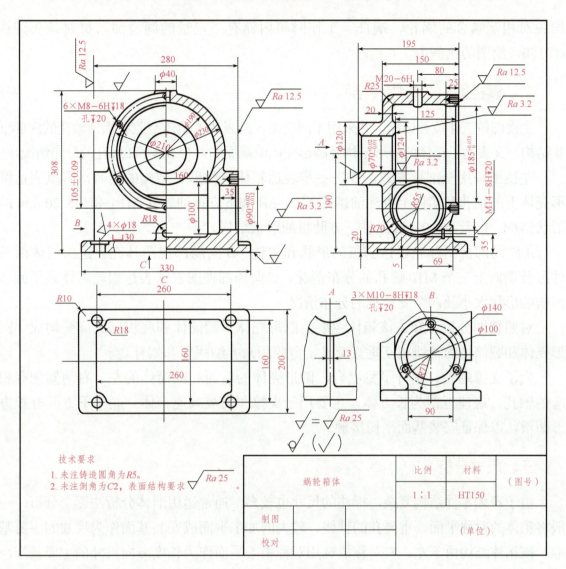

图 4-66 蜗轮箱体

任务分析

完成工作任务所需要的知识点（结合工作任务讲解）。

（1）箱体类零件的结构特点和表达方法（详见相关知识部分）。

（2）识读箱体类零件图的方法和步骤。

（3）箱体类零件的尺寸标注和技术要求。

任务实施

一、读标题栏

从标题栏中可知零件名称是蜗轮箱体，它是减速器的重要零件，用来容纳和支撑一对相互啮合的蜗轮、蜗杆。工作时箱内储有一定量的润滑油，材料是灰铸铁HT150，绘图的比例为1：1。

二、读视图，分析零件结构

主视图按工作位置选择，并采用半剖视图，既表达了箱体空腔和蜗杆轴孔的内部形状结构，又表达了箱体的外形结构及圆形壳体前端面的六个 M8-6H 螺孔的分布情况。

左视图采用全剖视方式，在进一步表达箱体空腔形状结构的同时，着重表达圆形壳体上的轴孔和箱体上方注油螺孔 M20-6H 和下方排油螺孔 M14-8H 深 20 mm 的形状结构，以及 ϕ120 mm 圆柱下方肋板的形状结构。

A 向局部视图补充表达肋板的形状和位置。B 向局部视图补充表达圆筒体两端外形及端面上三个 M10 螺孔的分布情况。C 向局部视图着重表达蜗轮箱体底平面和凹槽的形状大小及四个安装孔的分布情况。

对照视图分析可知，该箱体主要由圆形壳体、圆筒体和底板三大部分构成。圆形壳体和圆筒体的轴线相互垂直交叉，空腔用来容纳蜗轮和蜗杆。

为了支撑蜗轮、蜗杆平稳啮合，圆形壳体的后面和圆筒体的左、右两侧配有相应的轴孔。底座近似为长方体，主要用于支撑和安装减速箱体。底座下方开有长方形凹槽，以保证安装基面平稳接触。

三、尺寸分析

由于箱体零件结构复杂，标注的尺寸也较多，通常运用形体分析法逐个分析。一般将箱体的对称平面、重要孔的轴线、较大的加工平面或安装基面作为尺寸的主要基准。该箱体结构由于左、右对称故选用对称中心平面作为长度方向尺寸的主要基准，由此标出长度尺寸 280 mm、330 mm 和四个 R18 mm 固定孔的孔心距 260 mm 等。由于蜗轮、蜗杆啮合区正处在过蜗杆轴线的中心平面上，所以宽度方向尺寸的主要基准为该中心平面，由此标出壳体前端面定位尺寸 80 mm，排油孔前端面定位尺寸 69 mm 及四个 R18 mm 固定孔的孔心距 160 mm 等。另外考虑工艺要求，选择 230 mm 壳体前端面为宽度方向尺寸的辅助基准，并由此标出距 ϕ70 mm 孔后端面的定位尺寸 195 mm。

四、看技术要求

为确保蜗轮和蜗杆的装配质量，各轴孔的定形、定位尺寸均注有极限偏差，如 70 mm、90 mm、105±0.09 mm 等。箱体的重要工作部位主要集中在蜗轮轴孔和蜗杆轴孔的孔系上，这些部位的尺寸公差、表面结构要求和几何公差将直接影响蜗轮箱体的装配质量和使用性能，所以图中各轴孔内表面及蜗轮轴孔前端面表面结构要求均为 Ra=3.2 μm。另外几个有接触要求表面的表面结构要求分别为 Ra=12.5 μm、Ra=25 μm 等。其他未注铸造圆角为 R10，未注倒角为 C2。

相关知识

一、箱体零件的结构特点

箱体类零件主要起包容、支承其他零件的作用，常有内腔、轴孔、销孔、凸台、凹坑、肋板、安装板螺纹孔及润滑系统等结构。

二、箱体类零件的表达方式和画法

一般需要两个以上的基本视图来表达，依其形状特征和工作位置的不同选择主视图，采用通过主要支承孔轴线的剖视图表达其内部形状结构，并要恰当灵活地运用各个视图，如剖视图、局部视图、断面图等。

学习效果评价

1. 以学生完成任务情况作为评分标准，并以此考查学生的理论知识。
2. 要求学生在组内讨论的基础上独立完成工作任务，由教师对每位及每组同学的完成情况进行评价，并给出每位同学的成绩，具体评价内容、评分标准、分值及得分见表4-7。

表 4-7 评价内容、评分标准、分值及得分

评价内容	评分标准	分值	得分
识读零件图	能读懂零件图的表达方法	20	
	能读懂表面结构要求的含义	20	
	能读懂尺寸公差的含义	20	
	能读懂几何公差的含义	20	
职业素养	执行国家标准、遵守职业规范、工作态度认真	20	

模块六　运用 AutoCAD 绘制零件图

学习目标

知识与技能目标：

1. 学会识读中等复杂零件图。
2. 学会运用 AutoCAD 的相关工具绘制典型零件图。
3. 学会运用 AutoCAD 对所绘制的零件图进行标注。

素养目标：

培养学生的科学思维能力、团队协作精神、创新意识和创新能力；树立兢兢业业、精益求精的工匠意识；培养学生的职业自豪感。

工作任务

任务一：运用 AutoCAD 绘制图 4-67 所示的空心轴环的零件图，并按要求进行标注。

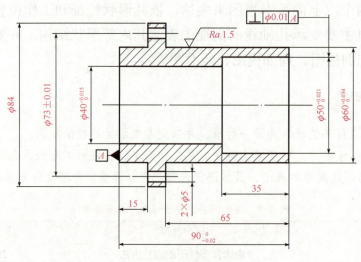

图 4-67　空心轴环

任务二：运用 AutoCAD 绘制图 4-68 所示的齿轮轴的零件图，并按要求进行标注。

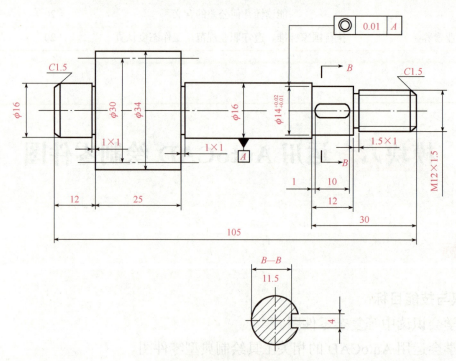

图 4-68　齿轮轴

任务三：运用 AutoCAD 绘制图 4-69 所示的盘类零件图，并按要求进行标注。

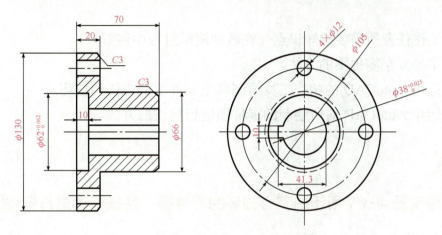

图 4-69　盘类零件图

任务四：运用 AutoCAD 绘制图 4-70 所示的阶梯轴零件图，并按要求进行标注。

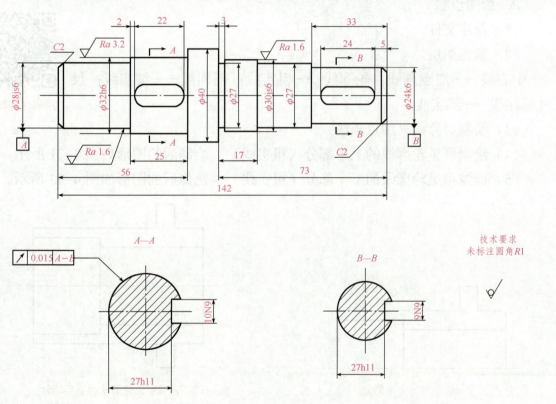

图 4-70　阶梯轴

※ **任务五**：运用 AutoCAD 绘制模块一、二、三、四、五中的零件图，并按要求进行标注。

任务分析

完成工作任务所需要的知识点（在教师演示过程中讲解）。
(1) 中等复杂零件图的方法。
(2) 运用 AutoCAD 的相关工具绘制典型零件图的方法和技巧。
(3) 运用 AutoCAD 对所绘制的零件图进行标注的方法。

任务实施

一、绘制图 4-67 所示的空心轴环的零件图，并按要求进行标注（任务一）

1. 尺寸分析

共有线性尺寸、直径尺寸、极限偏差等 10 个尺寸以及表面粗糙度、几何公差等要求。

2. 绘图步骤

(1) 新建文件。
(2) 新建图层。
中心线——细点画线；轮廓线——粗实线；剖面线——细实线；尺寸标注线——细实线。

绘制轴环轮廓

(3) 绘制对称线（细点画线）。
(4) 绘制可见轮廓线的上半部分（粗实线）。绘制后的图形如图 4-71 所示。
(5) 镜像可见轮廓线的下半部分（粗实线）。镜像后的图形如图 4-72 所示。

图 4-71 可见轮廓线的上半部分

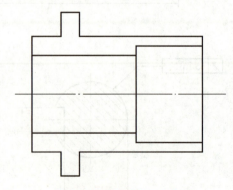

图 4-72 镜像可见轮廓线的下半部分

(6) 绘制上部小孔并镜像其对称部分。绘制后的图形如图 4-73 所示。
(7) 标注线性尺寸 15，5，35，65，81。标注后的尺寸如图 4-74 所示。

标注线性尺寸

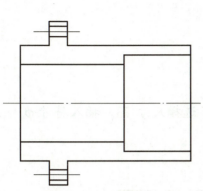

图4-73 绘制上部小孔并镜像其对称部分

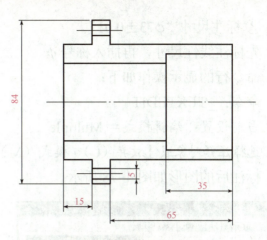

图4-74 标注线性尺寸

（8）修改线性尺寸84，5为ϕ84和2×ϕ5。

命令行显示的操作如下：

命令：_TEXTEDIT

当前设置：编辑模式＝Multiple

选择注释对象或［放弃（U）］：// 选择84，插入符号ϕ

选择注释对象或［放弃（U）］：// 选择5，输入2×，插入符号ϕ

修改后的尺寸如图4-75所示。

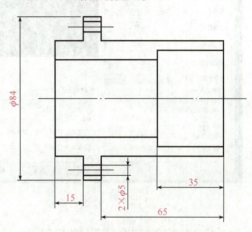

图4-75 修改后的尺寸

（9）标注尺寸"ϕ73±0.01"。

① 单击按钮 , 打开标注样式管理器，新建一个样式"副本"，如图4-76所示。

② 修改"公差"，其设置如图4-77所示，并将"副本"样式置为当前样式。

标注偏差尺寸

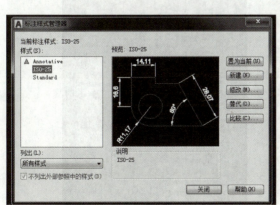

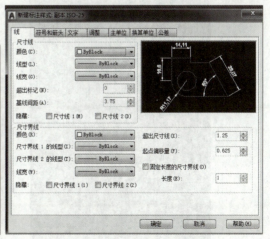

图4-76 新建"样式"副本

③ 标注尺寸"$\phi 73\pm 0.01$"。

先标注线性尺寸，再插入称号ϕ。

命令行的显示操作如下：

命令：_TEXTEDIT

当前设置：编辑模式= Multiple

选择注释对象或［放弃（U）/模式（M）］：// 选择尺寸73，插入符号ϕ

标注后的图形如图4-78所示。

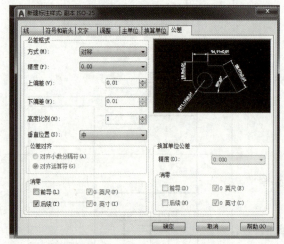

图 4-77 修改公差　　　　　　　图 4-78 标注尺寸"$\phi 73\pm 0.01$"

（10）标注其余极限偏差尺寸。

① 标注尺寸40 ± 0.01，50 ± 0.01，60 ± 0.01，90 ± 0.01。

② 选中"40 ± 0.01"，同时按下"Ctrl＋1"，打开"转角标注"，如图4-79所示。修改"公差"，如图4-80所示。

图 4-79 转角标注　　　　　　　图 4-80 修改尺寸"40"

③ 选中"50±0.01",同时按下"Ctrl＋1",打开"转角标注",修改"公差",如图 4-81 所示。

④ 选中"60±0.01",同时按下"Ctrl＋1",打开"转角标注",修改"公差",如图 4-82 所示。

⑤ 选中"90±0.01",同时按下"Ctrl＋1",打开"转角标注",修改"公差",如图 4-83 所示。

修改后的尺寸如图 4-84 所示。

图 4-81　修改尺寸"50"

图 4-82　修改尺寸"60"

图 4-83　修改尺寸"90"

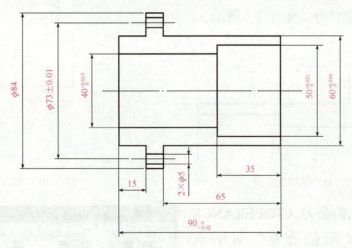
图 4-84　标注 40,50,60,90 尺寸(二)

⑥ 加注符号 ϕ。

命令行的显示操作如下:

命令:_TEXTEDIT

当前设置:编辑模式＝Multiple

选择注释对象或［放弃（U）/模式（M）］：// 选择尺寸 40，插入符号 φ
选择注释对象或［放弃（U）/模式（M）］：// 选择尺寸 50，插入符号 φ
选择注释对象或［放弃（U）/模式（M）］：// 选择尺寸 60，插入符号 φ
修改后的图形如图 4-85 所示。

（11）标注表面粗糙度。

① 利用直线命令绘制表面粗糙度符号（将极轴追踪角设置为 60°）。注意：按标准绘制表面粗糙度符号。

② 利用文字命令注写 *Ra*1.5。

命令：_mtext

当前文字样式："Standard"

文字高度：2.5

注释性：否

指定第一角点：

指定对角点或［高度（H）/对正（J）/行距（L）/旋转（R）/样式（S）/宽度（W）/栏（C）］：

然后将表面粗糙度移动至合适位置。

标注表面粗糙度后如图 4-86 所示。

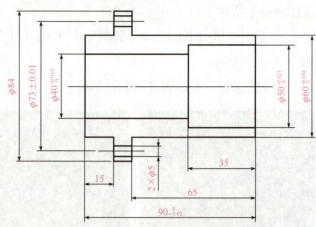

图 4-85　标注 40，50，60，90 尺寸（三）

标注表面粗糙度及几何公差

（12）绘制基准符号。

绘制两条直线和一个圆，注写文字 A，并将竖线修改为粗实线。

绘制后的基准符号如图 4-87 所示。

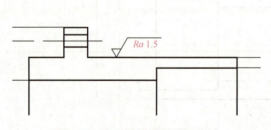

图 4-86　标注表面粗糙度

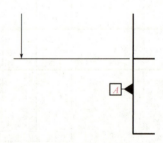

图 4-87　基准符号

（13）标注几何公差（TOLERANCE 命令），打开"形位公差"对话框（AutoCAD 2018 软件内仍使用旧标准称为形位公差），并对其进行修改，如图 4-88 所示。

（14）单击引线按钮 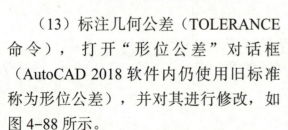（MLEADER 命令）标注箭头，并绘制直线。

图 4-88　设置几何（形位）公差

标注后的图形如图4-89所示。

（15）填充剖面线，其设置如图4-90所示。

完成图如图4-67所示。

（16）保存文件。

填充剖面线

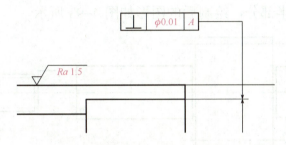

图 4-89　标注几何公差

图 4-90　设置"图案填充"

二、绘制图4-68所示的齿轮轴的零件图，并按要求进行标注（任务二）

1. 尺寸分析

共有线性尺寸、直径尺寸、极限偏差、螺纹等尺寸以及几何公差等要求。

2. 绘图步骤

（1）新建文件。

（2）新建图层。

中心线——细点画线；轮廓线——粗实线；剖面线——细实线；尺寸标注线——细实线。

（3）绘制对称线（细点画线），步骤略。

（4）绘制可见轮廓线的上半部分（粗实线），绘制后的图形如图4-91所示。

绘制轴的轮廓

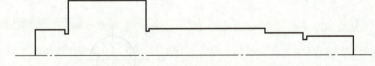

图 4-91　外轮廓的上半部分

（5）补齐轴径变化处的轮廓线，对轴的两端进行倒角处理，绘制齿轮的分度线（细点画线）和螺纹的小径（细实线），绘制后的图形如图4-92所示。

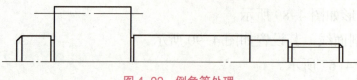

图 4-92 倒角等处理

（6）镜像轴的下半部分，绘制后的图形如图 4-93 所示。

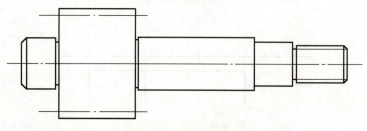

图 4-93 轴的轮廓图

（7）绘制键槽，绘制后的图形如图 4-94 所示。

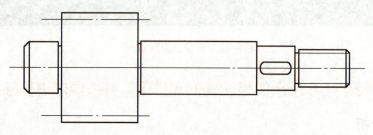

图 4-94 键槽

（8）绘制断面图并填充剖面线，绘制后的图形如图 4-95 所示。

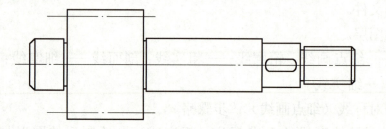

绘制键槽及断面

图 4-95 断面图

（9）标注 17 个线性尺寸，步骤略，标注后的图形如图 4-96 所示。

标注线性尺寸

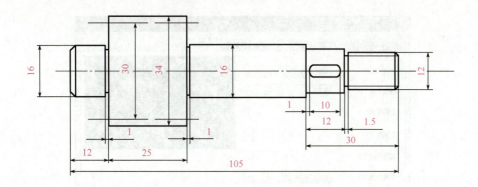
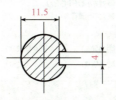

图 4-96　标注线性尺寸

（10）修改尺寸标注，加注符号 ϕ、M 等，步骤略，修改后如图 4-97 所示。

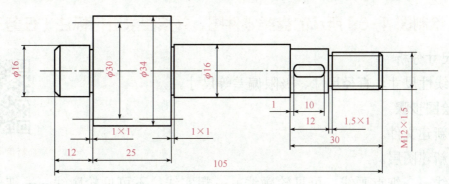
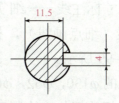

图 4-97　修改后的尺寸

（11）标注极限偏差尺寸。

① 新建一个标注样式，设置"公差"如图 4-98 所示。

② 标注线性尺寸，并修改，加注符号 ϕ，步骤略。

（12）绘制基准符号、剖切符号，标注倒角，标注几何公差，步骤略。完成图如图 4-68 所示。

（13）保存文件。

标注其余尺寸

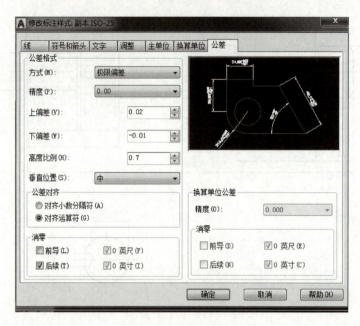

图 4-98 设置"公差"

三、绘制图 4-69 所示的盘类零件图，并按要求进行标注（任务三）

1. 尺寸分析

共有线性尺寸、直径尺寸、极限偏差等尺寸。

2. 绘图步骤

（1）新建文件。

（2）新建图层。

绘制盘类零件轮廓

中心线——细点画线；可见轮廓线——粗实线；不可见轮廓线——细虚线；剖面线——细实线；尺寸标注线——细实线。

（3）绘制中心线（细点画线），按照"主左视图高平齐"的原则绘制中心线。绘制后的图形如图 4-99 所示。

（4）绘制左视图的 φ130，φ62，φ66，φ38 四个圆形，并按照"主左视图高平齐"的原则绘制主视图的相关部分，绘制后的图形如图 4-100 所示。

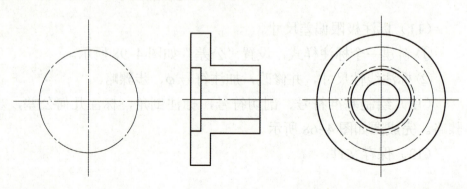

图 4-99 中心线　　　　图 4-100 按 φ130，φ62，φ66，φ38 四个尺寸绘图

（5）绘制键槽和四个小圆（先左后主），绘制后的图形如图 4-101 所示。

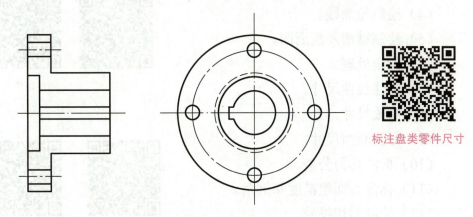

图 4-101 绘制键槽和四个小圆

（6）倒角处理并填充剖面线，倒角并填充后的图形如图 4-102 所示。

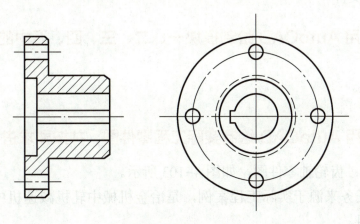

图 4-102 倒角，填充

（7）标注尺寸，步骤略，标注后的尺寸如图 4-69 所示。
（8）保存文件。

四、绘制图 4-70 所示的阶梯轴零件图，并按要求进行标注（任务四）

1．图形分析
图形由一个视图和两个断面图形组成，并有相应的技术要求。

2．绘图步骤
（1）新建文件。
（2）新建图层。
中心线——细点画线；轮廓线——粗实线；剖面线——细实线；尺寸标注线——细实线。

新建图层

绘制轴的轮廓

绘制键槽及断面

倒角处理

标注线性尺寸

（3）绘制对称线——细点画线。
（4）绘制轮廓线。
（5）绘制键槽及断面图。
（6）倒角处理。
（7）标注线性尺寸。
（8）修改尺寸。
（9）标注断面尺寸。
（10）标注几何公差。
（11）标注表面粗糙度和倒角。
（12）绘制剖切符号。
（13）注写技术要求。
（14）保存文件。

修改尺寸　　标注断面尺寸　　标注几何公差

标注表面粗糙度和倒角　　绘制剖切符号　　注写技术要求

※ 五、运用 AutoCAD 绘制模块一、二、三、四、五中的零件图，并按要求进行标注

（略）。

※ 六、运用 AutoCAD 绘制实际工程零件图，并按要求进行标注

工程案例 1：齿轮轴零件图，如图 4-103 所示。

说明：此任务来源于实际工程案例，是冶金机械中轧机减速机中的齿轮轴，起传递转矩的作用。

要求：读懂图形，按给定的尺寸绘制图形并进行标注，注写技术要求。

工程案例 2：齿轮零件图，如图 4-104 所示。

说明：此任务来源于实际工程案例，是冶金机械中轧机减速机中的齿轮，用于运动和动力的传递。

要求：读懂图形，按给定的尺寸绘制图形并进行标注，注写技术要求。

工程案例 3：蜗轮箱体零件图，如图 4-105 所示。

说明：此任务来源于实际工程案例，是机械设备中常用的蜗轮减速机器的箱体，用于容纳和支撑相互啮合的啮杆传动。

要求：读懂图形，按给定的尺寸绘制图形并进行标注，注写技术要求。

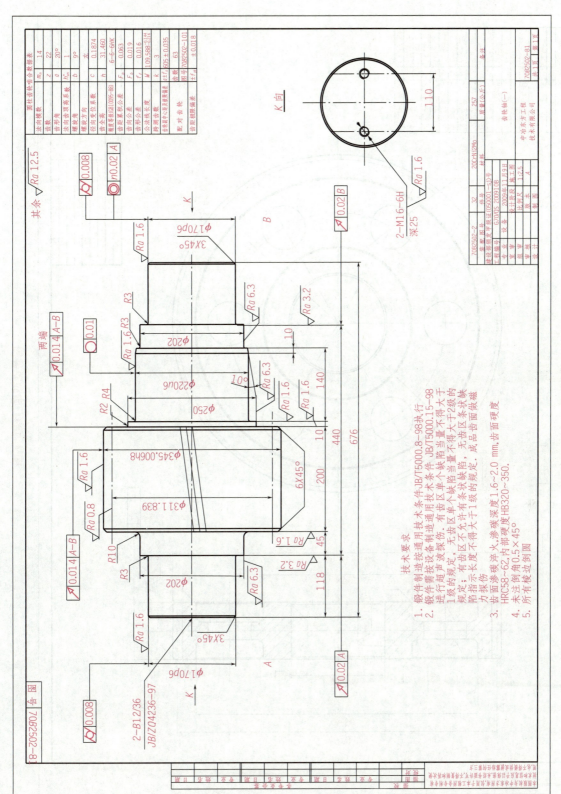

图 4-103 齿轮轴零件图

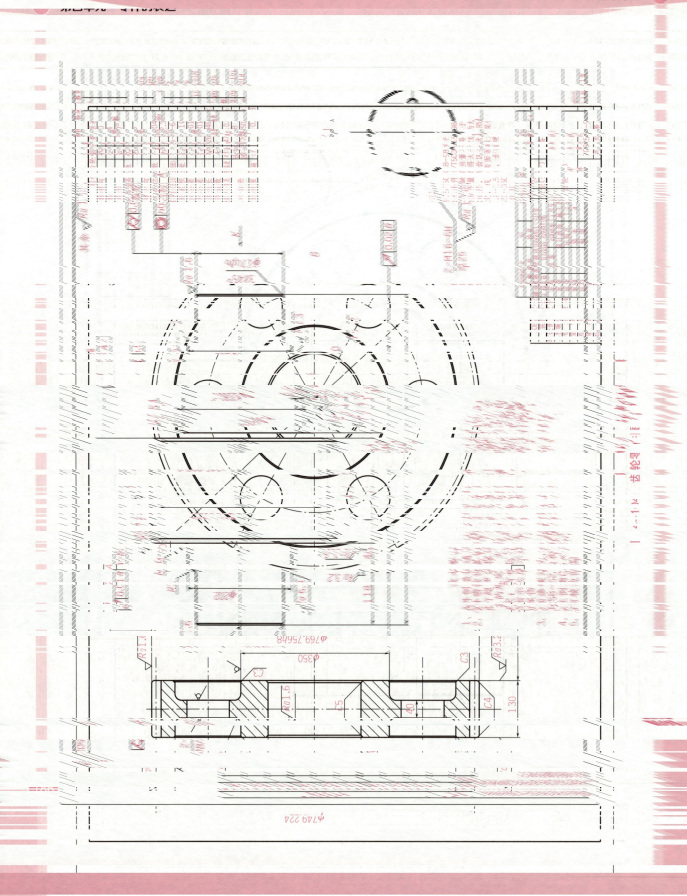

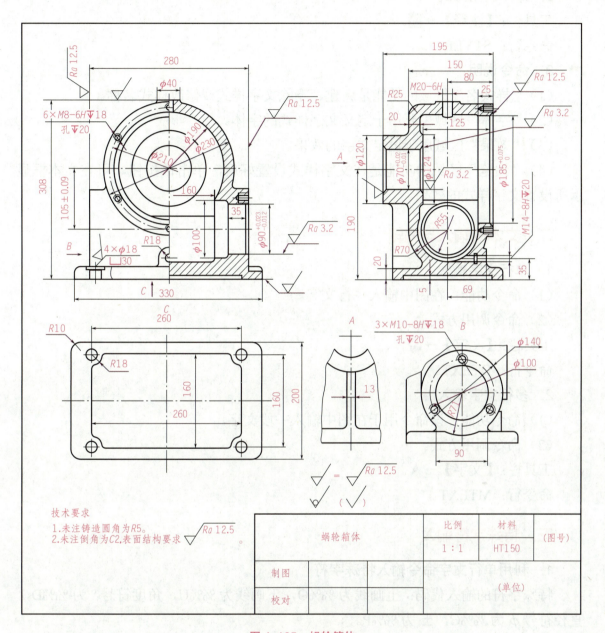

图 4-105 蜗轮箱体

相关知识

一、文本样式的创建与设置

1. 命令功能

用来设置文本样式，包括设置字体名称、字体类型、字体高度、高度系数、倾斜角度、方向指示符等。

2. 命令调用方式

工具栏：【注释】→ A。

命令行：STYLE。

3. 命令说明

（1）"样式名"区域的功能是新建、删除文字样式或修改样式名称。

（2）"字体"区域主要用于定义文字样式的字体。

（3）"效果"区域用于设定文字的效果。

（4）"预览"区域的功能是在文字样式设置好后，单击该按钮，可在文本框显示所设置文字样式的效果。

二、文本的输入与编辑

1. 单行文字输入

（1）命令功能：在图中输入一行文字。

（2）命令调用方式。

工具栏：【文字】→ AI。

命令行：DTEXT。

2. 多行文字输入

（1）命令功能：该命令用于在图中输入一段文字。

（2）命令调用方式。

工具栏：【文字】→ A。

命令行：MTEXT。

三、特殊字符输入

1. 利用单行文字命令输入特殊字符

特殊字符的输入代码：上画线为 %%O，下画线为 %%U，角度符号 ° 为 %%D，直径符号 ϕ 为 %%C，± 为 %%P。

2. 利用多行文字命令输入特殊字符

利用"多行文字编辑器"对话框中的"符号"下拉框，也可直接输入 °、ϕ、± 等特殊符号。

四、文本编辑

1. 用 DDEDIT 命令编辑文本

（1）命令功能：可用于修改单行文字、多行文字及属性定义。

（2）命令调用方式。

命令行：DDEDIT。

2．在对象特性窗口编辑文本

（1）命令功能：用于修改单行文字、多行文字等。

（2）命令调用方式。

命令行：PROPERTIES。

五、尺寸标注样式

1．命令调用方式

图标方式：【注释】→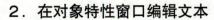。

键盘输入方式：DIMSTYLE。

2．管理标注样式

窗口内容。

3．创建新的标注样式

（1）直线和箭头设置：可对尺寸线、尺寸界线、尺寸箭头和圆心标记等进行设置。

（2）文字设置：设置尺寸文本的显示形式和文字的对齐方式。

（3）调整设置：可设置尺寸文本、尺寸箭头、指引线和尺寸线的相对排列位置。

（4）主单位设置：可设置基本标注单位格式、精度以及标注文本的前缀或后缀等。

（5）换算单位设置：可设置替代测量单位的格式和精度以及前缀或后缀等。

（6）公差设置：可设置尺寸公差的标注格式及有关特征参数。

六、尺寸标注编辑

1．用 DIMEDIT 命令编辑尺寸标注

命令功能：可改变标注编辑类型。

2．用 DDEDIT 命令编辑尺寸标注

命令功能：可编辑尺寸文字。

3．用 DIMTEDIT 命令编辑尺寸标注

命令功能：为标注文字指定新的位置。

4．用 PROPERTIES（对象特性）命令编辑尺寸标注

命令功能：可改变尺寸特性。

学习效果评价

1．以学生完成任务情况作为评分标准，并以此考查学生的理论知识。

2．要求学生在组内讨论的基础上独立完成工作任务，由教师对每位及每组同学的完成情况

进行评价,并给出每位同学的成绩,具体评价内容、评分标准、分值及得分见表4-8。

表4-8 评价内容、评分标准、分值及得分

评价内容	评分标准	分值	得分
任务一	正确绘制图形	30	
	正确标注尺寸	30	
	熟练使用相应的绘图技巧	20	
任务二	正确绘制图形,布局合理	30	
	正确标注尺寸	30	
	熟练使用相应的绘图技巧	20	
任务三	正确绘制图形	30	
	正确标注尺寸	30	
	熟练使用相应的绘图技巧	20	
职业素养	执行国家标准、遵守职业规范、工作态度认真	20	

第五单元　装配图

识读装配图

识读装配图

学习目标

知识与技能目标：

1．了解装配图的作用和内容。
2．理解装配图的视图选择、规定画法、特殊表示法和简化画法。
3．理解装配图的尺寸标注。
4．理解装配图的零件序号和明细栏。

素养目标：

引导学生逐步形成系统思维习惯，培养学生的科学思维能力和团队协作精神；增强个体适应社会发展变化的能力。

工作任务

任务一：识读球阀装配图，如图 5-1 所示。
※ 任务二：运用 AutoCAD 绘制球阀阀芯零件图和球阀装配图。

任务分析

完成工作任务所需要的知识点（教师讲解，详见相关知识部分）。

一、装配图的内容（结合工作任务详细讲解）

（1）一组图形。
（2）必要的尺寸。
（3）技术要求。
（4）标题栏、零件序号和明细栏。

二、装配图画法的基本规则

（1）实心零件画法。

（2）相邻零件的轮廓线画法。

（3）相邻零件的剖面线画法。

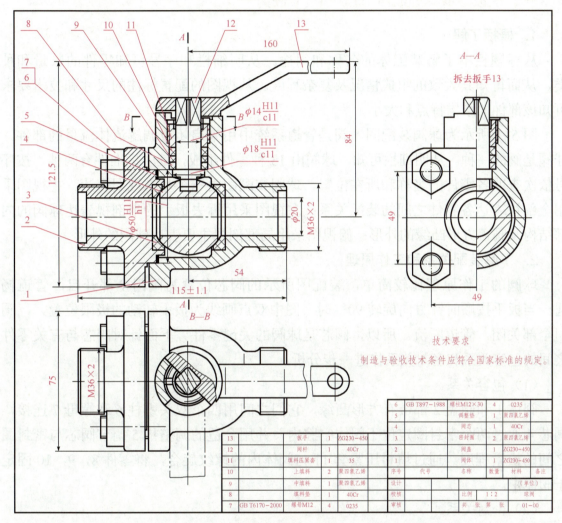

图 5-1　球阀装配图

三、装配图中的尺寸标注（结合工作任务详细讲解）

（1）性能尺寸（规格尺寸）。

（2）装配尺寸。

（3）外形尺寸。

（4）安装尺寸。

（5）其他重要尺寸。

四、装配图中的零部件序号及明细栏（结合工作任务详细讲解）

（1）序号。

（2）明细栏。

一、识读球阀装配图（图5-1）（任务一）

1. 概括了解

从标题栏中了解装配体的名称和用途。从明细栏和序号可知零件的数量和种类，从而得知其大致的组成情况及复杂程度。从视图的配置标注的尺寸和技术要求可知该部件的结构特点和大小。

图5-1所示为球阀装配图。阀是管道系统中用来启闭或调解流体流量的部件，球阀是阀的一种。从明细栏可知，球阀由13种零件组成，其中标准件有两种。按序号依次查明各零件的名称和所在位置。球阀装配图由三个基本视图表达。主视图采用全剖视表达各零件之间的装配关系；左视图采用拆去扳手的半剖视表达球阀的内部结构及阀盖方形凸缘的外形；俯视图采用局部剖视主要表达球阀的外形。

2. 了解装配关系和工作原理

球阀的工作原理比较简单，装配图所示的阀芯位置为阀门全部开启，管道畅通。当扳手按顺时针方向旋转90°时（图中双点画线为扳手转动的极限位置），阀门全部关闭，管道断流。所以，阀芯是球阀的关键零件。下面针对阀芯与有关零件之间的包容关系和密封关系作进一步分析。

（1）包容关系。

阀体1和阀盖2都带有方形凸缘，它们之间用四个双头螺柱6和螺母7连接，阀芯4通过两个密封圈定位于阀体空腔内，并用合适的调整垫5调节阀芯与密封圈之间的松紧程度。通过填料压紧套11与阀体内的螺纹旋合，将零件8，9，10固定于阀体中。

（2）密封关系。

两个密封圈3和调整垫5形成第一道密封。阀体与阀杆之间的填料垫8及填料9，10用填料压紧套11压紧，形成第二道密封。

3. 分析零件，读懂零件结构形状

利用装配图特有的表达方法和投影关系，将零件的投影从重叠的视图中分离出来，从而读懂零件的基本结构形状和作用。

例如球阀的阀芯，从装配图的主、左视图中根据相同的剖面线方向和间隔，将阀芯的投影轮廓分离出来，结合球阀的工作原理以及阀芯与阀杆的装配关系，从而完整想象出阀芯是一个左、右两边截成平面的球体，中间是通孔，上部是圆弧形凹槽，如图5-2所示。

4. 分析尺寸，了解技术要求

装配图中标注必要的尺寸，包括规格（性能）尺寸、装配尺寸、安装尺寸和总体尺寸。其中装配尺寸与技术要求有密切关系，应仔细分析。

例如球阀装配图中标注的装配尺寸有三处：ϕ50H11/h11 是阀体与阀盖的配合尺寸；ϕ14H11/c11 是阀杆与填料压紧套的配合尺寸；ϕ18H11/c11 是阀杆下部凸缘与阀体的配合尺寸。为了便于装拆，三处均采用基孔制间细配合。此外，技术要求还包括部件在装配过程中或装配后必须达到的技术指标（如装配的工艺和精度要求），以及对部件的工作性能、调试与试验方法、外观等的要求。

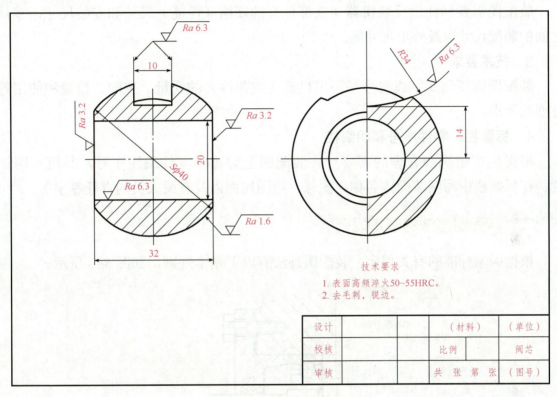

图 5-2 球阀阀芯零件图

※ 二、运用 AutoCAD 绘制球阀阀芯零件图和球阀装配图（任务二）

（略）。

相关知识

一、装配图的内容

表示机器（或部件）的图样称为装配图；表示一台完整机器的图样，称为总装配图；表示一个部件的图样，称为部件装配图。

装配图用于表达机器（或部件）整体结构形状和装配连接关系，并指导机器的装配、检验、调试和维修等。

从图 5-1 所示的球阀装配图可以看出，一张完整的装配图包括以下几项基本内容。

1. 一组图形

装配图由一组图形组成，用来表达各组成零件的相互位置和装配关系、机器（或部件）的工作原理及零件的主要结构形状。在表达形式上，可采用一般表达方法和特殊表达方法。

2. 必要的尺寸

装配图需要标注出反映机器（或部件）的规格（性能）尺寸和安装尺寸，零件之间的装配尺寸以及外形尺寸等。

3. 技术要求

装配图需要用文字或符号注写出机器（或部件）的质量、装配、检验和使用等方面的要求。

4. 标题栏、零件序号和明细栏

根据生产组织和管理的需要，在装配图上对每个零件编注序号，并填写明细栏。在标题栏中写明装配体名称、图号、绘图比例以及有关人员的责任签字等。

二、装配图画法的基本规则

根据国家标准的有关规定，装配图画法有以下基本规则，如图 5-3 所示。

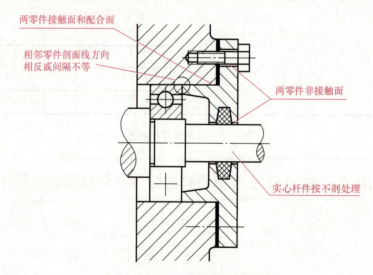

图 5-3 装配图画法的基本规则

1. 实心零件画法

在装配图中，对于紧固件以及轴、键、销等实心零件，若按纵向剖切，且剖切平面通过其对称平面或轴线时，这些零件均按不剖绘制，如轴和螺钉等零件。

2. 相邻零件的轮廓线画法

两个零件的接触表面（或基本尺寸相同的配合面）只用一条共有的轮廓线表示时，非接触面画两条轮廓线。

3. 相邻零件的剖面线画法

在剖视图中，相接触的两零件的剖面线方向应相反或间隔不等。三个或三个以上零件相接触时，除其中两个零件的剖面线倾斜方向不同外，第三个零件应采用不同的剖面线间隔，或者与同方向的剖面线位置错开。必须注意，在各视图中，同一零件的剖面线方向与间隔必须一致。

三、装配图的特殊画法

1. 拆卸画法

在装配图中，当某些较大的零件在某一视图中挡住了大部分零件或装配关系，而这些零件本身已在其他视图中表达清楚时，可假想拆去一个或几个零件，只绘制剩余部分的视图，这种表达方法称为拆卸画法。采用这种方法时，一般应在相应的视图上方标注"拆去××件"。

2. 夸大画法

在绘制装配图时，对于薄片零件、细丝弹簧、金属丝等厚度小于 2 mm、直径较小、带有斜度或锥度的结构，如按其实际尺寸绘制很难表示清楚，此时，可不按比例，而采用夸大画法。

3. 假想画法

在装配图中，在表达某些零件的运动范围和极限位置时，或为了表示与本部件有装配关系但又不属于本部件的其他相邻零部件时，可采用假想画法，用双点画线绘制这些零部件。

4. 展开画法

在装配图中，有些零件的装配关系在某一投影方向上重叠，为了展示传动机构的传动路线和装配关系，可以假想用剖切平面按其传动顺序沿它们的轴线展开在一个平面上，然后再绘制剖视图，这种画法称为展开画法。展开画法在表达机床的主轴箱、进给箱及汽车的变速器等较为复杂的变速装置时经常采用。

5. 简化画法

在装配图中，零件的工艺结构，如圆角、倒角、退刀槽等允许不绘制。螺母和螺栓头部允许采用简化画法。当遇到螺纹连接件等相同的零件组合时，在不影响理解的前提下，允许只绘制一处，其余只绘制点画线表示其装配位置。

6. 单独表示某个零件

在装配图中，当某个零件的形状不表达清楚，对理解装配关系有影响时，可以单独绘制出该零件的某个视图。

四、装配图中的尺寸标注

在装配图中，由于组成装配图的各零件均已设计或制造，因此不需标注出每个零件的全部尺寸，一般只需标注与部件的规格、性能、装配、检验、安装、运输及使用等有关的尺寸。这些尺寸主要根据装配图的作用确定，可以分为以下几种。

1. 性能尺寸（规格尺寸）

性能尺寸是指表示机器或部件的性能和规格的尺寸，这些尺寸在设计和制造时就已经确定，也是设计、了解和选用零部件时的主要依据。

2. 装配尺寸

装配尺寸是指表示两零件之间配合性质和相对位置的尺寸。

3. 外形尺寸

外形尺寸是指表示机器或部件外形轮廓的尺寸，即总长、总宽和总高尺寸。它是机器或部件包装、运输、安装及相应设施设计的依据。

4. 安装尺寸

安装尺寸是指将部件安装到机器上或将整机安装到基座上所需的尺寸。

5. 其他重要尺寸

在机器或部件设计过程中，经过计算确定或选定的尺寸，但又不包括在上述四种尺寸中，这种尺寸在拆画零件时不能改变，如齿轮宽度和运动件运动范围的极限尺寸等。

五、装配图中的零部件序号及明细栏

为了便于读图和进行图样管理，在装配图中对机器或部件的所有零件（包括标准件）均需按一定顺序进行编号，并在标题栏的上方绘制出明细栏，填写零件的序号、名称、数量和材料等内容。

1. 序号

常用的编号方式有两种，一种是对机器或部件中的所有零件（包括标准件和专用件）按一定顺序进行编号，另一种是将装配图中标准件的数量、标记按规定标注在图上，标准件不占编号，将非标准件（专用件）按顺序进行编号。

装配图中编写序号的一般规定如下：

（1）装配图中，每种零件或部件只编一个序号，一般只标注一次，必要时，多次出现的相同零部件也可用同一个序号在各处重复标注。

（2）装配图中零部件序号的编写方式如下：

① 在指引线的基准线（细实线）上或圆（细实线）内注写序号，序号的字高比该装配图上所注尺寸数字的字高大一号或两号，如图5-4（a）和图5-4（b）所示。

② 在指引线附近注写序号，序号的字高比该装配图上所注尺寸数字的字高大一号或两号，如图5-4（c）所示。

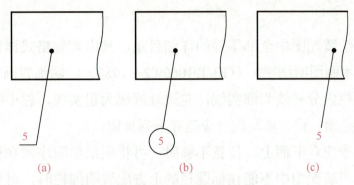

图 5-4 序号的注法

（a）在基准线上注写序号；（b）在圆内注写序号；
（c）在指引线附近注写序号

③ 指引线应自所指部分的可见轮廓内引出，并在末端画一圆点，如图 5-5 所示。若所指部分（很薄的零件或涂黑的剖面）不便画圆点时，可在指引线末端画出箭头，并指向该部分的轮廓，如图 5-5 所示。

④ 指引线不能相交，当通过剖面线的区域时，指引线不能与剖面线平行，必要时允许将指引线画成折线，但只允许转折一次。

⑤ 对一组紧固件或装配关系清楚的零件组，可以采用公共指引线，如图 5-6 所示。

⑥ 同一装配图编注序号的形式应一致。

⑦ 序号应标注在视图的外面。装配图中的序号应按水平或铅垂方向排列整齐，并按顺时针或逆时针方向顺序排列。在整个图上无法连续时，可只在水平或铅垂方向顺序排列。

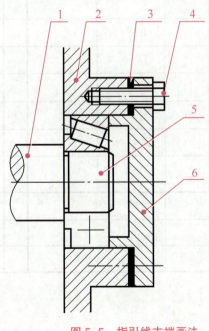

图 5-5 指引线末端画法

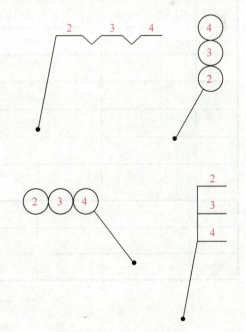

图 5-6 公共指引线

2. 明细栏

明细栏是所绘装配图中全部零件的详细目录，其内容和格式详见《中华人民共和国国家标准技术制图明细栏》（GB/T 10609.2—1989）。明细栏画在装配图右下角标题栏的上方，栏内分格线为细实线，左边外框线为粗实线，栏中的编号与装配图中的零部件序号必须一致。填写内容应遵守下列规定：

（1）零件序号应自下而上，位置不够时，可将明细栏顺序画在标题栏的左方，如图5-1所示。当装配图中不能在标题栏的上方配置明细栏时，可作为装配图的续页，按A4幅面单独给出，其顺序应自上而下，即序号1填写在最上面一行。

（2）"代号"栏内，应注出每种零件的图样代号或标准件的标准编号。

（3）"名称"栏内，应注出每种零件的名称，若为标准件应注出规定标记中除标准号以外的其余内容，如螺栓M12×130。对齿轮、弹簧等具有重要参数的零件，还应注出参数。

（4）"材料"栏内，应填写制造该零件所用的材料标记，如HT150。

（5）"备注"栏内，可填写必要的附加说明和其他有关的重要内容，例如齿轮的齿数、模数等。制图作业中建议使用的格式如图5-7所示。

序号	代号	名称	数量	材料	备注
8	JB/T 7940.3—1995	油杯B12	1		
7	GB/T 6170—2000	螺母M12	4		
6	GB/T 8—1988	螺栓M12×130	2		
5		轴衬固定套	1	Q235-A	
4		上轴衬	1	QAL9-4	
3		轴承盖	1	HT150	
2		下轴衬	1	QAL9-4	
1		轴承座	1	HT150	

设计				（单位）	
校核		比例		滑动轴承	
审核		共 张 第 张		（图号）	

图5-7 标题栏和明细栏的格式

学习效果评价

1. 以学生完成任务情况作为评分标准，并以此考查学生的理论知识。
2. 要求学生在组内讨论的基础上独立完成工作任务，由教师对每位及每组同学的完成情况进行评价，并给出每位同学的成绩，具体评价内容、评分标准、分值及得分见表5-1。

表5-1 评价内容、评分标准、分值及得分

评价内容	评分标准	分值	得分
识读球阀装配图	能读懂球阀装配图的内容	30	
	通过读装配图了解球阀的作用	10	
	能读懂球阀的尺寸	30	
	能读懂球阀的技术要求	10	
职业素养	执行国家标准、遵守职业规范、工作态度认真	20	

附录

附表1 普通螺纹直径与螺距（GB/T 196—197—2003）

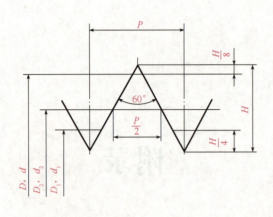

D——内螺纹的基本大径（公称直径）；
d——外螺纹的基本大径（公称直径）；
D_2——内螺纹的基本中径；
d_2——外螺纹的基本中径；
D_1——内螺纹的基本小径；
d_1——外螺纹的基本小径；
P——螺距；
H——$\dfrac{\sqrt{3}}{2}P$。

标注示例：

M24：公称直径为24 mm、螺距为3 mm的粗牙右旋普通螺纹。

M24×1.5－LH：公称直径为24 mm、螺距为1.5 mm的细牙左旋普通螺纹。

mm

公称直径 D、d		螺距 P		粗牙中径 D_1、d_2	粗牙小径 D_1、d_2
第一系列	第二系列	粗牙	细牙		
3		0.5	0.35	2.675	2.459
	3.5	(0.6)		3.110	2.850
4		0.7	0.5	3.545	3.242
	4.5	(0.75)		4.013	3.688
5		0.8		4.480	4.134
6		1	0.75（0.5）	5.350	4.917
8		1.25	1，0.75，(0.5)	7.188	6.647
10		1.5	1.25，1，0.75，(0.5)	9.026	8.376
12		1.75	1.5，1.25，1，0.75，(0.5)	10.863	10.106
	14	2	1.5，(1.25)，1，(0.75)，(0.5)	12.701	11.835
16		2	1.5，1，(0.75)，(0.5)	14.701	13.835
	18	2.5	1.5，1，(0.75)，(0.5)	16.376	15.294
20		2.5		18.376	17.294
	22	2.5	2，1.5，1，(0.75)，(0.5)	20.376	19.294
24		3	2，1.5，1，(0.75)	22.051	20.752
	27	3	2，1.5，1，(0.75)	25.051	23.752
30		3.5	(3)，2，1.5，1，(0.75)	27.727	26.211

① 优先选用第一系列，括号内的尺寸尽可能不用，第三系列未列入。

② M14×1.25 mm 仅用于火花塞。

附表 2　梯形螺纹基本尺寸（GB/T 5796.3—2005）

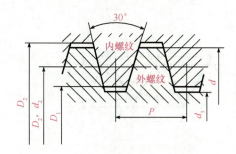

标注示例

Tr36×12（P6）—LH：公称直径为 36 mm、导程为 12 mm、螺距为 6 mm 的双线左旋梯形螺纹。

mm

公称直径		螺距 P	中径 $d_2=D_2$	大径 D_4	小径		公称直径		螺距 P	中径 $d_2=D_2$	大径 D_4	小径	
第一系列	第二系列				d_3	D_1	第一系列	第二系列				d_3	D_1
8		1.5	7.25	8.30	6.20	6.50			3	24.50	26.50	22.50	23.00
	9	1.5	8.25	9.30	7.20	7.50		26	5	23.50	26.50	20.50	21.00
		2	8.00	9.50	6.50	7.00			8	22.00	27.00	17.00	18.00
10		1.5	9.25	10.30	8.20	8.50			3	26.50	28.50	24.50	25.00
		2	9.00	10.50	7.50	8.00	28		5	25.50	28.50	22.50	23.00
	11	2	10.00	11.50	8.50	9.00			8	24.00	29.00	19.00	20.00
		3	9.50	11.50	7.50	8.00			3	28.50	30.50	26.50	29.00
12		2	11.00	12.50	9.50	10.00		30	6	27.00	31.00	23.00	24.00
		3	10.50	12.50	8.50	9.00			10	25.00	31.00	19.00	20.00
	14	2	13.00	14.50	11.50	12.00			3	30.50	32.50	28.50	29.00
		3	12.50	14.50	10.50	11.00	32		6	29.00	33.00	25.00	26.00
16		2	15.00	16.50	13.50	14.00			10	27.00	33.00	21.00	22.00
		4	14.00	16.50	11.50	12.00			3	32.50	34.50	30.50	31.00
	18	2	17.00	18.50	15.50	16.00		34	6	31.00	35.00	27.00	28.00
		4	16.00	18.50	13.50	14.00			10	29.00	35.00	23.00	24.00
20		2	19.00	20.50	17.50	18.00			3	34.50	36.50	32.50	33.00
		4	18.00	20.50	15.50	16.00	36		6	33.00	37.00	29.00	30.00
		3	20.50	22.50	18.50	19.00			10	31.00	37.00	25.00	26.00
	22	5	19.50	22.50	16.50	17.00			3	36.50	38.50	34.50	35.00
		8	18.00	23.00	13.00	14.00		38	7	34.50	39.00	30.00	31.00
		3	22.50	24.50	20.50	21.00			10	33.00	39.00	27.00	28.00
24		5	21.50	24.50	18.50	19.00			3	38.50	40.50	36.50	37.00
		8	20.00	25.00	15.00	16.00	40		7	36.50	41.00	32.00	33.00
									10	35.00	41.00	29.00	30.00

附表3　螺纹密封管螺纹（GB/T 7306—2001）

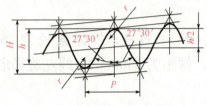

圆锥外螺纹基本牙型

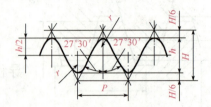

圆柱内螺纹基本牙型

标注示例：

$1\frac{1}{2}$ 圆锥内螺纹：$R_c 1\frac{1}{2}$。圆锥内螺纹与圆锥外螺纹的配合：$R_c 1\frac{1}{2} / R 1\frac{1}{2}$。

$1\frac{1}{2}$ 圆锥内螺纹：$R_p 1\frac{1}{2}$。圆锥内螺纹与圆锥外螺纹的配合：$R_p 1\frac{1}{2} / R 1\frac{1}{2}$。

$1\frac{1}{2}$ 圆锥外螺纹左旋：$R 1\frac{1}{2} - LH$。

尺寸代号	每25.4 mm内的牙数 n	螺距 P/mm	牙高 h/mm	圆弧半径 r/mm	基面上的基本尺寸			基准距离 /mm	有效螺纹长度 /mm
					大径 $d=D$	中径 $d_2=D_2$	小径 $d_1=D_1$		
$\frac{1}{16}$	28	0.907	0.581	0.125	7.723	7.142	6.561	4.0	6.5
$\frac{1}{8}$	28	0.907	0.581	0.125	9.728	9.147	8.566	4.0	6.5
$\frac{1}{4}$	19	1.337	0.856	0.184	13.157	12.301	11.445	6.0	9.7
$\frac{3}{8}$	19	1.337	0.856	0.184	16.662	15.806	14.950	6.4	10.1
$\frac{1}{2}$	14	1.814	1.162	0.249	20.955	19.793	18.631	8.2	13.2
$\frac{3}{4}$	14	1.814	1.162	0.249	26.441	25.279	24.117	9.5	14.5
1	11	2.309	1.479	0.317	33.249	31.770	30.291	10.4	16.8
$1\frac{1}{4}$	11	2.309	1.479	0.317	41.910	40.431	38.952	12.7	19.1
$1\frac{1}{2}$	11	2.309	1.479	0.317	47.803	48.324	44.845	12.7	19.1
2	11	2.309	1.479	0.317	59.614	58.135	56.656	15.9	23.4
$2\frac{1}{2}$	11	2.309	1.479	0.317	75.184	73.705	72.226	17.5	26.7
3	11	2.309	1.479	0.317	87.884	86.405	84.926	20.6	29.8
$3\frac{1}{2}$	11	2.309	1.479	0.317	100.330	100.351	97.372	22.2	31.4
4	11	2.309	1.479	0.317	113.030	111.551	110.072	25.4	35.8
5	11	2.309	1.479	0.317	138.430	135.951	136.472	28.6	40.1
6	11	2.309	1.479	0.317	163.830	162.351	160.872	28.6	40.1

附表4　非密封管螺纹（GB/T 7307—2001）

标注示例：

尺寸代号 $1\frac{1}{2}$，内螺纹：G $1\frac{1}{2}$。

尺寸代号 $1\frac{1}{2}$，A级外螺纹：G $1\frac{1}{2}$ A。

尺寸代号 $1\frac{1}{2}$，B级外螺纹，左旋：G $1\frac{1}{2}$ B - LH。

尺寸代号	每25.4 mm 内的牙数 n	螺距 P/mm	牙高 h/mm	圆弧半径 r/mm	基本直径 /mm 大径 $d=D$	基本直径 /mm 中径 $d_2=D_2$	基本直径 /mm 小径 $d_1=D_1$
$\frac{1}{16}$	28	0.907	0.581	0.125	7.723	7.142	6.561
$\frac{1}{8}$	28	0.907	0.581	0.125	9.728	9.147	8.566
$\frac{1}{4}$	19	1.337	0.856	0.184	13.157	12.301	11.445
$\frac{3}{8}$	19	1.337	0.856	0.184	16.662	15.806	14.950
$\frac{1}{2}$	14	1.814	1.162	0.249	20.995	19.793	18.631
$\frac{5}{8}$	14	1.814	1.162	0.249	22.911	21.749	20.587
$\frac{3}{4}$	14	1.814	1.162	0.249	26.441	25.279	24.117
$\frac{7}{8}$	14	1.814	1.162	0.249	30.201	29.039	27.877
1	11	2.309	1.479	0.317	33.249	31.770	30.291
$1\frac{1}{8}$	11	2.309	1.479	0.317	37.897	36.418	34.939
$1\frac{1}{4}$	11	2.309	1.479	0.317	41.910	40.431	38.952
$1\frac{1}{2}$	11	2.309	1.479	0.317	47.803	46.324	44.845
$1\frac{3}{4}$	11	2.309	1.479	0.317	53.746	52.267	50.788
2	11	2.309	1.479	0.317	59.614	58.135	56.656
$2\frac{1}{4}$	11	2.309	1.479	0.317	65.710	64.231	62.752
$2\frac{1}{2}$	11	2.309	1.479	0.317	75.184	73.705	72.226
$2\frac{3}{4}$	11	2.309	1.479	0.317	81.534	80.055	78.576
3	11	2.309	1.479	0.317	87.884	86.405	84.926
$3\frac{1}{2}$	11	2.309	1.479	0.317	98.851	98.851	97.372
4	11	2.309	1.479	0.317	125.730	111.551	110.072
$4\frac{1}{2}$	11	2.309	1.479	0.317	125.730	124.251	122.772
5	11	2.309	1.479	0.317	138.430	136.951	135.472
$5\frac{1}{2}$	11	2.309	1.479	0.317	151.130	149.651	148.172
6	11	2.309	1.479	0.317	168.830	162.351	160.872

附表5　普通螺纹的螺纹收尾、间距、退刀槽、倒角

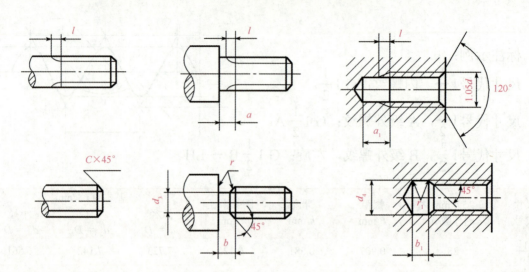

mm

螺距 P	粗牙螺纹大径 D_d	外螺纹 螺纹收尾 l (不大于) 一般	外螺纹 螺纹收尾 l (不大于) 短的	轴肩 a (不大于) 一般	轴肩 a (不大于) 长的	轴肩 a (不大于) 短的	退刀槽 b 一般	退刀槽 $r≈$	退刀槽 d_3	倒角 C	内螺纹 螺纹收尾 l (不大于) 一般	内螺纹 螺纹收尾 l (不大于) 短的	轴肩 a (不大于) 一般	轴肩 a (不大于) 长的	退刀槽 b_1 一般	退刀槽 $r_1≈$	退刀槽 d_4
0.5	3	1.25	0.7	1.5	2	1	1.5		d−0.8	0.5	1	1.5	3	4	2		d+0.3
0.6	3.5	1.5	0.75	1.8	2.4	1.2	1.5		d−1		1.2	1.8	3.2	4.8			d+0.3
0.7	4	1.75	0.9	2.1	2.8	1.4	2		d−1.1	0.6	1.4	2.1	3.5	5.6			d+0.3
0.75	4.5	1.9	1	2.25	3	1.5	2		d−1.2		1.5	18	3.8	6	3		d+0.3
0.8	5	2	1	2.4	3.2	1.6	2		d−1.3	0.8	1.6	2.4	4	6.4			d+0.3
1	6, 7	2.5	1.25	3	4	2	2.5		d−1.6	1	2	3	5	8	4		d+0.3
1.25	8	3.2	1.6	4	2.5	3		d−2		1.2	2.5	4	2	10	5		d+0.3
1.5	10	3.8	1.9	4.5	6	3	3.5		d−2.3	1.5	3	4.5	7	12	6		d+0.3
1.75	12	4.3	2.2	5.3	7	3.5	4		d−2.6	2	3.5	5.3	9	14	7		d+0.3
2	14, 16	5	2.5	6	8	4	5	0.5P	d−3		4	6	10	16	8	0.5P	d+0.3
2.5	18, 20, 22	6.3	3.2	7.5	10	5	6		d−3.6	2.5	5	7.5	12	18	10		d+0.5
3	24, 27	7.5	3.8	9	12	6	7		d−4.4		6	9	14	24	12		d+0.5
3.5	30, 33	9	4.5	10.5	14	7	8		d−5	3	7	10.5	16	26	14		d+0.5
4	36, 39	10	5	12	16	8	9		d−5.7		8	12	18	26	16		d+0.5
4.5	42, 45	11	5.5	13.5	18	9	10		d−6.4	4	9	13.5	21	29	18		d+0.5
5	48, 52	12.5	6.3	15	20	10	11		d−7		10	15	23	32	20		d+0.5
5.5	56, 60	14	7	16.5	22	11	12		d−7.7	5	11	16.5	25	35	22		d+0.5
6	64, 68	15	7.5	18	24	12	13		d−8.3		12	2.25	28	38	24		d+0.5

附表6　六角头螺栓——A级和B级（GB/T 5782—2000）

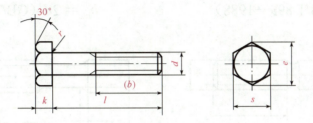

标注示例：

螺纹规格 d = M12、公称长度 l = 80 mm、性能等级为8.8级、表面氧化、A级的六角螺栓：

螺栓 GB/T 5782—2000　M12×80 mm

mm

螺纹规格 d		M3	M4	M5	M6	M8	M10	M12	M16	M20	M24	M30	M36
s		5.5	7	8	10	13	16	18	24	30	36	46	55
k		2	2.8	3.5	4	5.3	6.4	7.5	10	12.5	15	18.7	22.5
r		0.1	0.2	0.2	0.25	0.4	0.4	0.6	0.6	0.8	0.8	1	1
e	A	6.01	7.66	8.79	11.05	14.38	17.77	20.03	26.75	33.53	39.98	—	—
	B	5.88	7.50	8.63	10.89	14.20	17.59	19.85	26.17	32.95	39.55	50.85	51.11
(b) GB/T 5782	$l \leqslant 125$	12	14	16	18	22	26	30	38	46	54	66	—
	$125 < l \leqslant 200$	18	20	22	24	28	32	36	44	52	60	72	84
	$l > 200$	31	33	35	37	41	45	49	57	65	73	85	97
l 范围（GB/T 5782）		20~30	25~40	25~50	30~60	40~80	45~100	50~120	65~160	80~200	90~240	110~300	140~360
l 范围（GB/T 5782）		6~30	8~40	10~50	12~60	16~80	20~100	25~120	30~150	40~150	50~150	60~200	70~200
l 系列		6，810，12，16，20，25，30，35，40，45，50，55，60，65，70，80，90，100，110，120，130，140，150，160，180，200，220，240，260，280，300，320，340，360，380，400，420，440，460，480，500												

附表7　双头螺柱

$b_\mathrm{m} = 1d$（GB/T 897—1988）　　　　　$b_\mathrm{m} = 1.25d$（GB/T 898—1988）
$b_\mathrm{m} = 1.5d$（GB/T 899—1988）　　　　$b_\mathrm{m} = 2d$（GB/T 900—1988）

A型　　　　　　　　　　　　　　　　B型

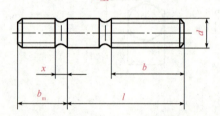
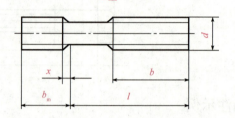

标注示例：

两端均为粗牙普通螺纹、螺纹规格 $d = $ M10、公称长度 $l = 50$ mm、性能等级为4.8级、不经表面处理、$b_\mathrm{m} = 1d$、B型的双头螺柱：

螺柱　GB/T 897—1988　M10×50　　　　　　　　　　　　　　mm

螺纹规格 d	b_m/mm				l/b				
	GB/T 897—1988	GB/T 898—1988	GB/T 899—1988	GB/T 900—1988					
M5	5	6	8	10	$\dfrac{16\sim20}{10}$、$\dfrac{25\sim50}{16}$				
M6	6	8	10	12	$\dfrac{20}{10}$、$\dfrac{25\sim30}{14}$、$\dfrac{35\sim70}{18}$				
M8	8	10	12	16	$\dfrac{20}{12}$、$\dfrac{25\sim30}{16}$、$\dfrac{35\sim90}{22}$				
M10	10	12	15	20	$\dfrac{25}{14}$、$\dfrac{30\sim35}{16}$、$\dfrac{40\sim120}{26}$、$\dfrac{130}{32}$				
M12	12	15	18	24	$\dfrac{25\sim30}{16}$、$\dfrac{35\sim40}{20}$、$\dfrac{45\sim120}{30}$、$\dfrac{130\sim200}{36}$				
M16	16	20	24	32	$\dfrac{30\sim35}{20}$、$\dfrac{40\sim55}{30}$、$\dfrac{60\sim120}{38}$、$\dfrac{130\sim200}{44}$				
M20	20	25	30	40	$\dfrac{35\sim40}{25}$、$\dfrac{45\sim60}{35}$、$\dfrac{70\sim120}{46}$、$\dfrac{130\sim200}{52}$				
M24	24	30	36	48	$\dfrac{45\sim50}{30}$、$\dfrac{60\sim75}{45}$、$\dfrac{80\sim120}{54}$、$\dfrac{130\sim200}{60}$				
M30	30	38	45	60	$\dfrac{60\sim65}{40}$、$\dfrac{70\sim90}{50}$、$\dfrac{95\sim120}{66}$、$\dfrac{130\sim200}{72}$、$\dfrac{210\sim250}{85}$				
M36	36	45	54	72	$\dfrac{65\sim75}{45}$、$\dfrac{80\sim110}{60}$、$\dfrac{120}{78}$、$\dfrac{130\sim200}{84}$、$\dfrac{210\sim300}{97}$				
l系列	16，20，25，30，35，40，45，50，(55)，60，(65)，70，(75)，80，(85)，90，(95)，100，110，120，130，140，150，160，170，180，190，200，210，220，230，240，250，260，280，300								

附表 8　开槽螺钉

开槽圆柱螺钉（GB/T 65—2000）、开槽沉头螺钉（GB/T 68—2000）、开螺盘头螺钉（GB/T 67—2000）。

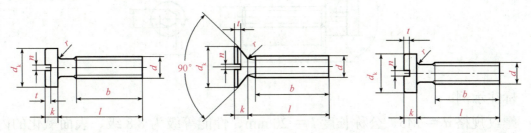

标注示例：

螺纹规格 d = M5、公称长度 l = 20 mm、性能等级为 4.8 级、不经表面处理的开槽圆柱头螺钉：

螺钉 GB/T 65—2000　　M65×20　　　　　　　　　　　　mm

	螺纹 d	M1.6	M2	M2.5	M3	M4	M5	M6	M8	M10
GB/T 65—2000	d_k					7	8.5	10	13	16
	k					2.6	3.3	3.9	5	6
	t_{min}					1.1	1.3	1.6	2	2.4
	r_{min}					0.2	0.2	0.25	0.4	0.4
	l					5～40	6～50	8～60	10～80	12～80
	全螺纹时最大长度					40	40	40	40	40
GB/T 67—2000	d_k	3.2	4	5	5.6	8	9.5	12	16	23
	k	1	1.3	1.5	1.8	2.4	3	3.6	4.8	6
	t_{min}	0.35	0.5	0.6	0.7	1	1.2	1.4	1.9	2.4
	r_{min}	0.1	0.1	0.1	0.1	0.2	0.2	0.25	0.4	0.44
	l	2～16	2.5～20	3～25	4～30	5～40	6～50	8～60	10～80	12～80
	全螺纹时最大长度	30	30	30	30	40	40	40	40	40
GB/T 68—2000	d_k	3	3.8	4.7	5.5	8.4	9.3	11.3	15.8	18.3
	k	1	1.2	1.5	1.65	2.7	2.7	3.3	4.65	5
	t_{min}	0.32	0.4	0.5	0.6	1	1.1	1.2	1.8	2
	r_{max}	0.4	0.5	0.6	0.8	1	1.3	1.5	2	2.5
	l	2.5～16	3～20	4～25	5～30	6～40	8～50	8～60	10～80	12～80
	全螺纹时最大长度	30	30	30	30	45	45	45	45	45
	n	0.4	0.5	0.6	0.8	1.2	1.2	1.6	2	2.5
	b	25					38			
	l 系列	2, 2.5, 3, 4, 5, 6, 8, 10, 12, （14）, 16, 20, 25, 30, 35, 40, 45, 50, （55）, 60, （65）, 70, （75）, 80								

附表9　内六角圆柱头螺钉（GB/T 70.1—2008）

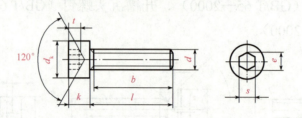

标注示例：

螺纹规格 d = M5、公称长度 l = 20 mm、性能等级为8.8级、表面氧化的内六角圆柱头螺钉：

螺钉 GB/T 70.1—2008　M5×20

mm

螺纹规格 d	M2.5	M3	M4	M5	M6	M8	M10	M12	M16	M20	M24	M30	M36
d_{kmax}	4.5	5.5	7	8.5	10	13	16	18	24	30	36	45	54
k_{max}	2.5	3	4	5	6	8	10	12	16	20	24	30	36
t_{min}	1.1	1.3	2	2.5	3	4	5	6	7	10	12	15.5	19
r	0.1			0.2		0.25		0.4		0.6		0.8	1
s	2	2.5	3	4	5	6	8	10	12	17	19	22	27
e	2.3	2.87	3.44	4.58	5.72	6.86	9.15	11.43	13.72	19.4	21.7	25.15	30.85
b（参考）	17	18	20	22	24	28	32	36	44	52	60	72	84
l 系列	2.5, 3, 4, 5, 6, 8, 10, 12, 16, 20, 25, 30, 35, 40, 45, 50, 55, 60, 65, 70, 80, 90, 100, 110, 120, 130, 140, 150, 160, 180, 200													

附表 10　开槽锥端紧定螺钉

锥端（GB/T 71—1985）、平端（GB/T 73—1985）、长圆柱端（GB/T 75—1985）。

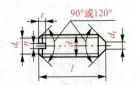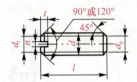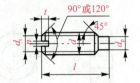

标注示例：

螺纹规格 d = M5、公称长度 l = 20 mm、性能等级为 14H 级、表面氧化的开槽锥端紧定螺钉：

螺钉 GB/T 71—1985　M5×20

mm

螺纹规格 d	M2	M2.5	M3	M5	M6	M8	M10	M12
d_f	螺纹小径							
d_t	0.2	0.25	0.3	0.5	1.5	2	2.5	3
d_p	1	1.5	2	3.5	4	5.5	7	8.5
n	0.25	0.4	0.4	0.8	1	1.2	1.6	2
t	0.84	0.95	1.05	1.63	2	2.5	3	3.6
z	1.25	1.5	1.75	2.75	3.25	4.3	5.3	6.3
l 系列	2，2.5，3，4，5，6，8，10，12，（14），16，20，25，30，35，40，45，50，（55），60							

附表 11　Ⅰ型六角螺母——C级（GB/T 41—2000）、Ⅰ型六角螺母（GB/T 6170—2000）、六角薄螺母（GB/T 6172.1—2000）

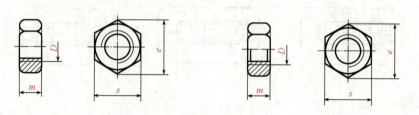

标注示例：

螺纹规格 D = M12、性能等级为 5 级、不经表面处理、C 级的 Ⅰ型六角螺母：

螺母 GB/T 41—2000　M12

mm

螺纹规格 D		M3	M4	M5	M6	M8	M10	M12	M16	M20	M24	M30	M36	M42	M48
e_{min}	GB/T41			8.63	10.89	14.20	17.59	19.85	26.17	32.95	39.55	50.85	60.79	71.3	82.6
	GB/T6170	6.01	7.66	8.79	11.05	14.38	17.77	20.03	26.75	32.95	39.55	50.85	60.79	71.3	82.6
	GB/T6172	6.01	7.66	8.79	11.05	14.38	17.77	20.03	26.75	32.95	39.55	50.85	60.79	71.3	82.6
s		5.5	7	8	10	13	16	18	24	30	36	46	55	65	75
m_{max}	GB/T41			5.6	6.4	7.9	9.5	12.2	15.9	19	22.3	26.4	31.5	34.9	38.9
	GB/T6170	2.4	3.2	4.7	5.2	6.8	8.4	10.8	14.8	18	21.5	25.6	31	34	38
	GB/T6172	1.8	2.2	2.7	3.2	4	5	6	8	10	12	15	18	21	24

附表12 I型六角开槽螺母——A级和B级（GB/T 6178—1986）

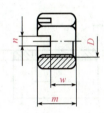 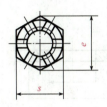

标注示例：

螺纹规格 D = M5、性能等级为8级、不经表面处理、A级的I型六角开槽螺母：

螺母 GB/T 6178—1986 M5   mm

螺纹规格 D	M4	M5	M6	M8	M10	M12	（M14）	M16	M20	M24	M30
e	7.7	8.8	11	14	17.8	20	23	26.8	33	39.6	50.9
m	5	6.7	7.7	9.8	12.4	15.8	17.8	20.8	24	29.5	34.6
n	1.2	1.4	2	2.5	2.8	3.5	3.5	4.5	4.5	5.5	7
s	7	8	10	13	16	18	21	24	30	36	46
w	3.2	4.7	5.2	6.8	8.4	10.8	12.8	14.8	18	21.5	25.6
开口销	1×10	1.2×12	1.6×14	2×16	2.5×20	3.2×22	3.2×25	4×28	4×36	5×40	6.3×50

附表13 平垫圈——A级（GB/T 97.1—2002）、平垫圈倒角型——A级（GB/T 97.2—2002）

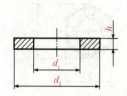 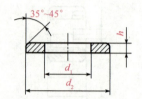

标注示例：

标准系列，公称尺寸 $d = 8$ mm，由钢制造的硬度等级为200HV级，不经表面处理、产品等级为A级的平垫圈：

垫面 GB/T 97.1—2002　8　　　　mm

规格 （螺纹直径）	2	2.5	3	4	5	6	8	10	12	14	16	20	24	30
内径 d_1	2.2	2.7	3.2	4.3	5.3	6.4	8.4	10.5	13	15	17	21	25	31
内径 d_2	5	6	7	9	10	12	16	20	24	28	30	37	44	56
厚度 h	0.3	0.5	0.5	0.8	1	1.6	1.6	2	2.5	2.5	3	3	4	4

附表14　标准型弹簧垫圈（GB/T 93—1987）、轻型弹簧垫圈（GB/T 859—1987）

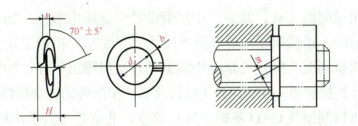

标注示例：

公称直径为 16 mm，材料为 16Mn，表面氧化的标准型垫圈：

垫圈 GB/T 93—1987　16

mm

规格（螺纹直径）		2	2.5	3	4	5	6	8	10	12	16	20	24	30	36	42
d		2.1	2.6	3.1	4.1	5.1	6.2	8.2	10.2	12.3	16.3	20.5	24.5	30.5	36.6	42.6
H	GB/T 93	1.2	1.6	2	2.4	3.2	4	5	6	7	8	10	12	13	14	16
	GB/T 859	1	1.2	1.6	1.6	2	2.4	3.2	4	5	6.4	8	9.6	12		
$s\,(b)$	GB/T 93	0.6	0.8	1	1.2	1.6	2	2.5	3	3.5	4	5	6	6.5	7	8
s	GB/T 859	0.5	0.6	0.8	0.8	1	1.2	1.6	2	2.5	3.2	4	4.8	6		
$m \leqslant$	GB/T 93			0.4	0.4	0.6	0.7	0.8	1.1	1.3	1.6	2	2.5	3	3.8	4.5	6
	GB/T 859			0.3		0.4	0.5	0.6	0.8	1	1.2	1.6	2	2.4	3		
b	GB/T 859			0.8	1	1.2	1.2	1.6	2	2.5	3.5	4.5	5.5	6.5	8		

参 考 文 献

[1] 果连成. 机械制图 [M]. 北京：中国劳动社会保障出版社，2011.

[2] 陈丽，任国兴. 机械制图与计算机绘图 [M]. 北京：机械工业出版社，2010.

[3] 钱可强. 机械制图 [M]. 北京：中国劳动社会保障出版社，2001.

[4] 丁建春. 计算机制图-AutoCAD [M]. 北京：中国劳动社会保障出版社，2001.

[5] 唐建成. 机械制图及CAD基础 [M]. 北京：北京理工大学出版社，2011.

[6] 陈洪飞，唐建成. 机械制图及CAD基础 [M]. 北京：北京理工大学出版社，2011.

[7] 王斌，王亮. 机械制图与CAD基础（第2版）[M]. 北京：机械工业出版社，2019.

[8] 刘朝儒，吴志军，高政一. 机械制图（第五版）[M]. 北京：高等教育出版社，2019.

[9] 王军红，史卫华，王伟. 机械制图与CAD [M]. 北京：机械工业出版社，2019.